U0334271

畅销
升级

电脑技巧从入门到精通丛书

新手学电脑从入门到精通

Windows 10 + Office 2016

扫一扫

附赠学习素材、授课 PPT 及教学视频

文杰书院　编著

双色版

机械工业出版社

CHINA MACHINE PRESS

本书以通俗易懂的语言、翔实生动的操作案例、精挑细选的实用技巧，指导初学者快速掌握电脑操作，提高电脑实践操作能力。全书共 16 章，主要内容包括键盘与鼠标操作、Windows 10 系统、电脑中文件和文件夹的管理、电脑操作环境的设置、软件管理、打字、Word 2016、Excel 2016、PowerPoint 2016、上网、上网通信与娱乐，以及系统维护与安全应用等方面的知识、技巧和应用案例。

本书面向学习电脑的初中级用户，适合无基础又想快速掌握电脑入门操作的读者，同时适合广大电脑爱好者及相关行业人员用作学习手册，特别适合用作初中级电脑培训班的培训教程或学习辅导书。

图书在版编目（CIP）数据

新手学电脑从入门到精通：Windows10 + Office2016/文杰书院编著 . —2 版 . —北京：机械工业出版社，2019. 6

（电脑技巧从入门到精通丛书）

ISBN 978-7-111-63344-0

Ⅰ.①新… Ⅱ.①文… Ⅲ.①电子计算机–基本知识 Ⅳ.①TP3

中国版本图书馆 CIP 数据核字（2019）第 157325 号

机械工业出版社（北京市百万庄大街 22 号　邮政编码 100037）

策划编辑：丁　伦　责任编辑：丁　伦

责任校对：张　晶　责任印制：郜　敏

北京圣夫亚美印刷有限公司印刷

2019 年 9 月第 2 版第 1 次印刷

185mm × 260mm ·19.5 印张·484 千字

标准书号：ISBN 978-7-111-63344-0

定价：79. 00 元（附赠海量资源，含教学视频）

电话服务	网络服务
客服电话：010-88361066	机　工　官　网：www. cmpbook. com
010-88379833	机　工　官　博：weibo. com/cmp1952
010-68326294	金　书　网：www. golden-book. com
封底无防伪标均为盗版	机工教育服务网：www. cmpedu. com

前　言

在信息科技飞速发展的今天，电脑已经成为人们日常工作、学习和生活中必不可少的工具之一，而电脑的操作水平也成为衡量一个人综合素质的重要标准之一。为了帮助读者快速提升电脑的应用水平，本书在内容设计上主要以满足读者全面学习电脑知识为目的，帮助电脑初学者快速了解和应用电脑，以便在日常的学习和工作中学以致用。

一、购买本书能学到什么?

本书采用由浅入深的方式讲解，通过大量的实例，为读者提供了一个高效的学习和实践操作平台，无论从基础知识安排还是实践应用能力的训练，都充分考虑了用户的需求，实现理论知识与应用能力的快速同步提高。本书结构清晰、内容丰富，包括以下五个方面。

1. 认识电脑

本书第 1 章，介绍了电脑的用途、常见的电脑及智能设备、电脑外观与主机构成、电脑的软件、连接电脑设备等知识。

2. 电脑的基本操作

本书第 2 ~ 7 章，介绍了操作键盘和鼠标、Windows 10 基础操作、管理电脑中的文件、设置个性化的操作环境、管理电脑中的软件、电脑打字等方面的知识。

3. Office 2016 办公软件应用

本书第 8 ~ 12 章，介绍了 Word、Excel 和 PowerPoint 2016 的使用方法，可以帮助读者快速掌握 Office 2016 办公软件的应用技能。

4. 上网冲浪与聊天

本书第 13 ~ 15 章，介绍了上网的方法，包括认识与使用互联网、浏览并搜索网络信息、搜索与下载网络资源、网上聊天和收发电子邮件等内容。

5. 系统维护与安全

本书第 16 章，介绍了电脑维护与优化方面的知识，包括管理和优化磁盘、查杀电脑病毒、使用 360 安全卫士优化电脑等相关知识。

二、如何获取本书的学习资源?

为帮助读者高效、快捷地学习本书知识点，我们不仅为读者准备了与本书知识点有关的配套素材文件，还设计并制作了精品视频教学课程，这些课程均可通过扫描相关案例旁的特定二维码进行实时观看，同时为教师准备了 PPT 课件资源。购买本书的读者，可以通过扫描本书封底机械工业出版社二维码，获取与本书相关的配套资源。

本书由文杰书院组织编写，参与本书编写工作的有李军、袁帅、文雪、李强、高桂华、蔺丹、张艳玲、李统财、安国英、贾亚军、蔺影、李伟、冯臣、宋艳辉等。

我们真切希望读者在阅读本书之后，可以开阔视野，增长实践操作技能，并从中学习和总结操作的经验和规律，达到灵活运用的水平。鉴于编者水平有限，书中不足和考虑不周之处在所难免，欢迎读者予以批评、指正，以帮助我们日后能为读者编写更好的图书。

编　者

目　　录

第1章 ⓪1

从认识电脑开始

本章内容导读

　　本章主要介绍了电脑的作用、常见的电脑及智能设备、电脑外观，以及主机构成、电脑软件方面的知识与技巧，同时还讲解了如何连接电脑设备。在本章的最后还针对实际工作需求，讲解了连接打印机、安装台式机内存的方法。通过本章的学习，读者将初步认识电脑，为进一步学习Windows 10 与Office 2016奠定了基础。

本章知识要点

(1) 使用电脑能做些什么
(2) 常见的电脑及智能设备
(3) 揭开电脑的神秘面纱
(4) 认识电脑软件
(5) 连接电脑设备

随着科技的不断发展与完善，电脑已经成为人们日常生活中不可或缺的一部分。目前电脑已经广泛应用到社会的各个领域，对经济和社会的发展起着不可估量的作用，本节将详细介绍电脑各种用途方面的知识。

1.1.1 娱乐休闲

在工作之余，人们可以利用电脑中的娱乐软件来缓解工作和生活的压力。随着生活节奏不断加快，休闲娱乐已经成为人们的一种日常需求。使用电脑，用户可以在家进行休闲娱乐活动，如收听音乐、收看影视剧和玩各种类型的游戏等，如图 1-1 所示。

1.1.2 浏览资讯

当今社会已经进入信息多元化时代，使用电脑可以足不出户掌握各类知识，包括浏览各类新闻、了解天气信息、查看当前交通状况以及浏览各类健康保健信息等，这极大地方便用户丰富自己的知识储备，同时也方便用户的日常活动和出行，如图 1-2 所示。

图 1-1

图 1-2

1.1.3 查询资料

随着网络技术的不断进步，知识共享已经越来越方便。使用电脑，用户可以十分便捷地查询到各类学习资料，包括查询各种生僻字、英文单词、图片及各类信息等，甚至学术研究论文都可以进行查阅，如图 1-3 所示。

1.1.4 即时通信

互联网的出现，使得电脑的功能更加强大，使用即时通信软件，可以随时随地与好友进行文字、语音和视频通信，如图 1-4 所示。

图　1-3

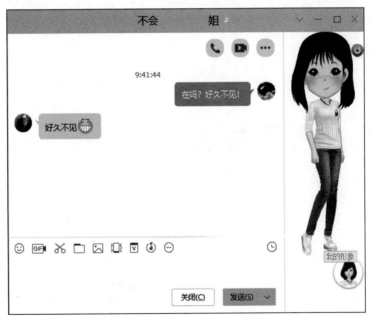

图　1-4

1.1.5　购物消费

随着互联网的普及以及网络安全性的不断提高，网络购物成为一种重要的购物形式。用户还可以在家通过在线支付等方式，缴纳各种生活支出的费用，如水费、电费等，如图 1-5 所示。

3

图 1-5

1.1.6 办公应用

Windows 10 系统自带的记事本和写字板应用程序都是简易的文档处理软件。除此之外，用户也可以在系统中安装如 Office 2016 之类功能强大的办公软件，使用这些软件可以进行文档的编辑、文字的排版、制作电子表格等操作，如图 1-6 所示。

1.1.7 收发邮件

使用电脑注册电子邮箱账号后，用户不仅可以撰写邮件发送给别人，同时可以接收别人发送的电子邮件，如图 1-7 所示。

图 1-6

图 1-7

1.1.8 软件设计

人们还可以使用电脑进行软件设计方面的操作，包括使用 Photoshop 软件进行平面设计、人像处理，使用 3ds Max 软件进行 CG 制作、工业设计等，如图 1-8 所示。

图　1-8

电脑的其他功能

　　除了上述介绍的 8 种功能之外，人们还可以使用电脑进行股票、证券交易，收听广播电台，使用音乐软件下载、欣赏音乐，使用视频播放软件下载以及观看视频等操作。

Section 1.2　常见的电脑及智能设备

手机扫描右侧二维码，观看本节视频课程：1 分 51 秒

　　电脑可以分为台式电脑、笔记本电脑、平板电脑等，随着科技不断进步，衍生出了智能手机、智能可穿戴设备、智能家居以及 VR 设备等其他智能设备。智能设备（intelligent device）是指任何一种具有计算处理能力的设备、器械或者机器，本节将分别予以详细介绍。

1.2.1　台式电脑

　　台式电脑又称为台式机，一般包括电脑主机、显示器、鼠标和键盘，还可以连接打印机、扫描仪、音箱和摄像头等外部设备，如图 1-9 所示。
　　台式电脑的体积一般比笔记本电脑和上网本大，主机、显示器等设备一般是相对独立的，需要放置在电脑桌或者专门的工作台上，因此命名为台式机。

台式电脑的优点是耐用、价格实惠，和笔记本电脑相比，相同价格前提下配置较好，散热性较好，配件更换价格相对便宜，缺点是比较笨重、耗电量大。

1.2.2 笔记本电脑

笔记本电脑又称手提式电脑，体积小、方便携带，而且还可以利用电池在没有连接外部电源的情况下继续使用，如图 1-10 所示。

图　1-9　　　　　　　　　　　　　图　1-10

1.2.3 平板电脑

平板电脑是一种功能齐备的个人电脑，但是该种电脑既不用翻盖又没有键盘，尺寸还可以小到放入手袋。平板电脑拥有的触摸屏允许用户通过触控笔或数字笔来进行作业而不是用传统的键盘或鼠标，如图 1-11 所示。

1.2.4 智能手机

智能手机简单来说就是具有独立操作系统的手机，除了具备手机的通话功能外，还可以由用户自行安装软件、游戏等第三方服务商提供的程序的手机，如图 1-12 所示。

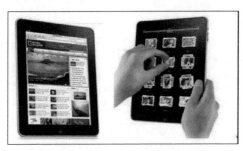

图　1-11　　　　　　　　　　　　　图　1-12

智慧锦囊

智能手机的特点

无线接入互联网的能力、PDA 功能、开放性的操作系统、人性化、功能多样且强大，以及运行速度快等。

1.2.5　智能穿戴设备

　　把经常用到的物品增加了新的功能，而且具备了更炫酷的外形，即为智能穿戴设备。智能穿戴设备最大的功能在于可以收集外部环境和佩戴者自身的数据，经过分析和处理反馈给佩戴者，通过这些信息可以更好地了解外部环境和自身身体健康状况，并能及时做出相应解决方案，如图 1-13 所示。

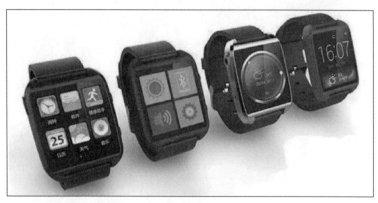

图　1-13

　　穿戴式智能设备时代的来临，意味着人的智能化延伸，通过这些设备，人可以更好地感知外部与自身的信息，能够在计算机、网络甚至其他人的辅助下更为高效率地处理信息，实现更为无缝的交流。其应用领域可以分为两大类，即自我量化与体外进化。

智能穿戴设备的代表产品

　　智能穿戴设备代表产品包括 iWatch 苹果智能手表、FashionCommA1 智能手表、智能手环、谷歌眼镜、BrainLink 智能头箍、鼓点 T 恤 ElectronicDrumMachineT – shirt、社交牛仔裤 SocialDenim、卫星导航鞋以及可佩戴式多点触控投影机等。

1.2.6　智能家居

　　智能家居也称智能住宅，是以住宅为平台，兼备建筑、网络通信、信息家电、设备自动化，集系统、结构、服务、管理为一体的高效、舒适、安全、便利、环保的居住环境，如图 1-14 所示。与普通家居相比，智能家居不仅具有传统的居住功能，还由原来的被动静止结构转变为具有能动智慧的工具，提供全方位的信息交换功能。

1.2.7　VR 设备

　　VR 设备又称为虚拟现实设备，虚拟现实技术是一种可以创建和体验虚拟世界的计算机仿真系统，它利用计算机生成一种模拟环境，是一种多源信息融合的、交互式的三维动态视景和实体行为的系统仿真，可以使用户沉浸到该环境中，如图 1-15 所示。

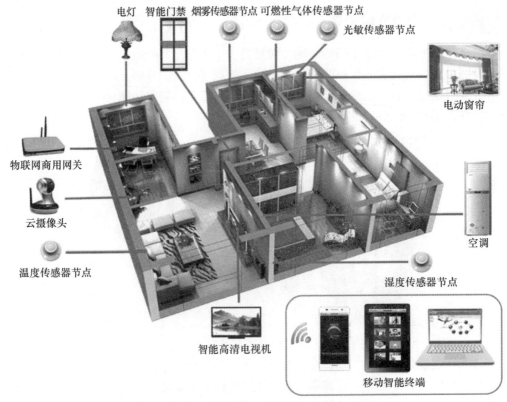

电灯　智能门禁 烟雾传感器节点 可燃性气体传感器节点

光敏传感器节点

电动窗帘

物联网商用网关

云摄像头

空调

温度传感器节点

湿度传感器节点

智能高清电视机

移动智能终端

图　1-14

图　1-15

Section

1.3 揭开电脑的神秘面纱

手机扫描右侧二维码，观看本节视频课程：3 分 05 秒

电脑是一种能自动、高速完成数值计算、数据处理、实时控制等功能的电子设备，随着信息技术的飞速发展，电脑日益融入人们的日常生活、学习和工作中，本节将带领大家揭开电脑的神秘面纱，介绍电脑外观、主机组成的相关知识。

1.3.1　电脑外观

电脑的硬件系统是指电脑的外观设备，如显示器、主机、键盘和鼠标等，了解各外观设备的作用便于对电脑进行维修和保养。

1. 显示器

显示器也称监视器，用于显示电脑中的数据和图片等，是电脑中重要的输出设备之一。按照工作原理的不同，可以将显示器分为 CRT 显示器（阴极射线管显示器）和 LCD 显示器（液晶显示器），图 1-16 所示为 CRT 显示器，图 1-17 所示为 LCD 显示器。

图　1-16　　　　　　　　　　　图　1-17

2. 主机

主机是电脑中的一个重要组成部分，电脑中的所有资料都存放在主机中。机箱是主机内部部件的保护壳，外部显示常用的一些接口，如电源开关、指示灯、USB（通用串行总线，Universal Serial Bus）接口、电源接口、鼠标接口、键盘接口、耳机插口和麦克风插口等，如图 1-18 所示。

3. 键盘和鼠标

键盘是电脑中重要的输入设备之一，用于将文本、数据和特殊字符等资料输入到电脑中。键盘中的按键数量一般在 101 至 110 之间，通过紫色接口或 USB 接口与主机相连。

鼠标又称鼠标器，是电脑中重要的输入设备之一，用于将指令输入到主机中。目前比较常用的鼠标为三键光电鼠标，图 1-19 所示为常用的键盘和鼠标。

图　1-18　　　　　　　　　　　图　1-19

4. 音箱

音箱是电脑主要的声音输出设备，常见的音响为组合式音响，组合式音响的特点是价格便宜、使用方便，一般连接电脑上就可以直接使用。随着科技的不断发展，组合音响的音质也得到了很大提升，如图 1-20 所示。

5. 摄像头

摄像头是一种电脑视频输入设备，用户可以使用摄像头进行视频聊天、视频会议等交流活动，同时可以通过摄像头进行视频监控等操控工作，如图 1-21 所示。

图 1-20   图 1-21

打印机

打印机是计算机的输出设备之一，用于将计算机处理结果打印在相关介质上，从而便于阅读和保存。打印机分为点阵式打印机、喷墨式打印机和激光式打印机。

 1.3.2　电脑主机的构成

主机内安装着电脑的主要部件，如电源、主板、CPU（中央处理器，Central Processing Unit）、内存、硬盘、光驱、声卡和显卡等，如图 1-22 所示。

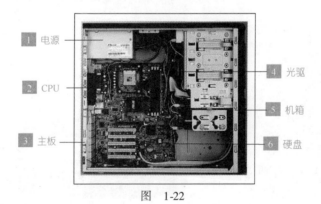

图 1-22

1. CPU

CPU 也称中央处理器，是电脑的核心，主要用于运行与计算电脑中的所有数据，由运算器、控制器、寄存器组、内部总线和系统总线组成。

2. 主板和硬盘

电脑机箱主板又称主机板、系统板或母板，是安装在主机中最大的一块电路板，上面安装了组成计算机的主要电路系统，电脑中的其他硬件设备都安装在主板中，通过主板上的线路可以协调电脑中各个部件的工作，如 CPU、内存和显卡等，如图 1-23 所示。

硬盘是电脑中主要的存储部件，由一个或者多个铝制或者玻璃制的碟片组成，碟片外覆盖有铁磁性材料。硬盘通常用于存放永久性的数据和程序，是电脑中的固定存储器，具有容量大、可靠性高、在断电后其中的数据也不会丢失等特点，硬盘由磁头、磁道、扇区和柱面组成，如图 1-24 所示。

图 1-23   图 1-24

3. 内存

内存也称为内存储器，是计算机中重要的部件之一。其作用是暂时存放 CPU 中的运算数据，以及与硬盘等外部存储器交换的数据。只要计算机在运行，CPU 就会把需要运算的数据调到内存中进行运算，当运算完成后 CPU 再将结果传送出来。内存由内存芯片、电路板、金手指等部件组成，如图 1-25 所示。

4. 显卡

显卡也称显示适配器，是电脑最基本的配置及最重要的配件之一。显卡作为电脑主机里的一个重要组成部分，是电脑进行数模信号转换的设备，承担输出显示图形的任务。显卡接在电脑主板上，将电脑的数字信号转换成模拟信号让显示器显示出来。显卡由显示芯片、显示内存和 RAMDAC（数字/模拟转换器）等组成，常用的显卡类型为 DDR2 和 DDR3，按照制作工艺不同，可以将显卡分为独立显卡和集成显卡。同时，显卡还有图像处理能力，可协助 CPU 工作，提高整体的运行速度，如图 1-26 所示。

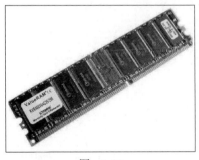

图 1-25   图 1-26

5. 声卡

声卡也称音频卡，用来实现声波/数字信号的相互转换，可以将来自于麦克风、磁带和光盘等的声音信号转换输出到耳机、扬声器、扩音机、录音机等声响设备，或者通过音乐设备数字接口（MIDI）使乐器发出美妙的声音，如图 1-27 所示。

图 1-27

Section 1.4 认识电脑软件

手机扫描右侧二维码，观看本节视频课程：0 分 41 秒

电脑的软件包括系统软件和应用软件，通过系统软件可以维持电脑的正常运转，系统软件负责管理系统中的独立硬件，从而使这些硬件能够协调地工作；通过应用软件可以处理数据、图片、声音和视频等，本节将介绍电脑软件方面的知识。

1.4.1 系统软件

系统软件由操作系统和支撑软件组成。操作系统用来管理软件和硬件的程序，包括 DOS、Windows、Linux 和 Unix OS/2 等，如图 1-28 所示；支撑软件用来支持软件开发与维护，包括环境数据库、接口软件和工具组等，如图 1-29 所示。

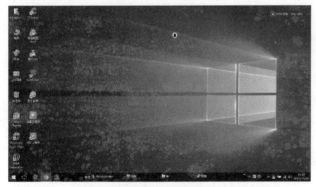

图 1-28

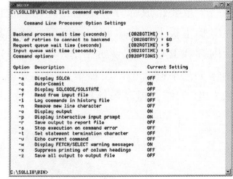

图 1-29

1.4.2 应用软件

应用软件是解决具体问题的软件，如编辑文本、处理数据和绘图等，由通用软件和专用软件组成。

通用软件广泛应用于各个行业，如 Office、AutoCAD 和 Photoshop 等，如图 1-30 所示。专用软件是指为了解决某个特定的问题开发的软件，如会计核算和订票软件等，如图 1-31 所示。

图　1-30　　　　　　　　　　　　　　　　　　　图　1-31

Section 1.5　连接电脑设备

手机扫描右侧二维码、观看本节视频课程：1 分 01 秒

　　只有将电脑显示器、鼠标、键盘、电源和打印机正确连接，用户才可以正常开启和使用电脑，本节将重点介绍连接电脑设备方面的知识与操作技巧。

1.5.1　连接显示器

　　CRT 纯平显示器和 LCD 液晶显示器连接电脑主机的方法是相同的，下面介绍连接显示器的操作方法。

插入端口

图　1-32

1 插入主机箱的显示端口。

　　将显示器上的连接信号线插头插入主机的显示端口，如图 1-32 所示。

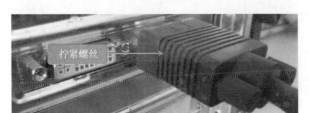

拧紧螺丝

图　1-33

2 将信号线插头两侧的螺丝拧紧。

　　将插头插入主机端口后，将显示器信号线插头两端的螺丝拧紧，如图 1-33 所示。

连接电源

图　1-34

3 完成连接显示器的操作步骤。

　　将显示器电源线的另一端插头插入电源插座中，即完成连接显示器的操作，如图 1-34 所示。

1.5.2　连接鼠标和键盘

　　键盘和鼠标是台式电脑中的重要输入设备，将键盘和鼠标正确连接到电脑主机上，用户才可以在电脑中输入数据，发布操作命令。下面介绍连接鼠标和键盘的操作方法。

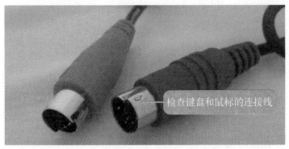

检查键盘和鼠标的连接线

图　1-35

1 检查键盘和鼠标的连接线。

　　将鼠标和键盘连接电脑主机前，用户应先检查鼠标和键盘的连接线是否正常，如图 1-35 所示。

插入端口

图　1-36

2 将鼠标和键盘连接线插入主机端口。

　　将鼠标和键盘的连接线插头，分别插入主机的鼠标和键盘端口中，如图 1-36 所示。

■ **指点迷津**

　　将连接线插头插入端口时，应注意顺着端口与插头的对应方向，以免插坏鼠标和键盘的插头。

完成操作

图　1-37

3 完成连接键盘和鼠标的操作步骤。

　　通过以上方法即完成连接键盘和鼠标的操作，如图 1-37 所示。

■ **多学一点**

　　鼠标失灵有可能是因为电压不稳造成的，此时用户可更换与电压不冲突的鼠标。

1.5.3　连接电源

　　连接显示器、键盘和鼠标后，用户即可将主机电源接入，从而正常运行主机与电脑，下面介绍连接主机电源的操作方法。

图 1-38

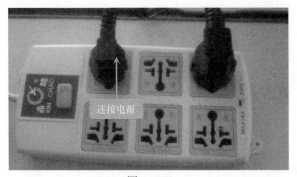

图 1-39

1 将主机电源线接入主机电源端口。

将主机电源线的连接插口，插入主机机箱背面的主机电源端口中，如图 1-38 所示。

■ **多学一点**

将电源线的插口插入主机端口后，应注意插口是否松动，以免造成主机无法启动的现象。

2 完成连接电源的操作步骤。

将主机电源线的另一端插头插入电源插座中，即完成连接电源操作，如图 1-39 所示。

■ **指点迷津**

不使用电脑时，除将电脑正确关闭外，还应将插座主电源关闭，以防火灾。

Section 1.6 **实践案例与上机指导**

手机扫描右侧二维码，观看本节视频课程：0 分 55 秒

本章学习了电脑的用途和电脑主机组成等方面的知识，通过本章学习，读者不但掌握了电脑软件方面的知识，还熟悉了连接电脑的方法。本节将结合工作应用，通过实际操作，达到对本章知识点的拓展巩固的目的。

1.6.1 连接打印机

打印机（Printer）是计算机的输出设备之一，下面详细介绍将打印机连接到电脑上的操作方法。

图 1-40

1 连接打印机信号线与接口。

将打印机信号线一端的插头，插入打印机接口中，如图 1-40 所示。

图 1-41

2 连接打印机信号线与电脑主机接口。

将打印机信号线另一端的插头，插入主机背面的 USB 接口中，并将打印机一端的电源线插头插入打印机背面的电源接口中，另一端插在电源插座上，即完成连接打印机的操作，如图 1-41 所示。

1.6.2 安装台式机内存

在计算机的组成结构中，有一个很重要的部分，就是存储器。存储器是用来存储程序和数据的部件，对于计算机来说，有了存储器，才有记忆功能，从而保证正常工作。存储器的种类很多，按其用途可分为主存储器和辅助存储器，主存储器又称内存储器。内存是电脑中的重要部件，一般主板上内存插槽的数量为 4 条或 6 条，可以组成双通道或三通道，下面将具体介绍安装内存的操作方法。

图 1-42

1 用手扳开内存插槽两侧的卡榫。

在主板上找到内存插槽，用手扳开内存插槽两侧的卡榫，如图 1-42 所示。

■ **多学一点**

内存又称主存，是 CPU 能直接寻址的存储空间，由半导体器件制成。内存的特点是存取速率快。

2 将内存条插入内存插槽中。

用手按住内存条的两侧，并垂直向下用力将内存条插入内存插槽中，插入后两侧的卡榫将自动扣紧，如图 1-43 所示。

图 1-43

■ **指点迷津**

通常，人们把要永久保存的、大量的数据存储在外存上，而把一些临时的或少量的数据和程序放在内存上。

图 1-44

3 完成内存条的安装操作。

内存条已被安装到主板上，即完成内存安装，如图 1-44 所示。

■ **指点迷津**

内存一般采用半导体存储单元，包括随机存储器（RAM），只读存储器（ROM），以及高速缓存（CACHE）。

第2章

02

快速熟悉键盘与鼠标操作

本章内容导读

本章主要介绍了正确使用键盘和鼠标的知识与技巧，在本章的最后还针对实际工作需求，讲解了更改鼠标双击速度、交换左键和右键功能以及调整鼠标指针移动速度的方法。通过本章的学习，读者可以掌握键盘与鼠标操作方面的知识。

本章知识要点

(1) 初步认识电脑键盘
(2) 正确使用键盘
(3) 认识鼠标
(4) 如何使用鼠标

初步认识电脑键盘
手机扫描右侧二维码，观看本节视频课程：1 分 42 秒

键盘是电脑的重要输入设备之一，其硬件接口有普通接口和 USB 接口两种，使用电脑键盘可以将字符和数据等信息输入到电脑中，还可以控制电脑的运行，如热启动和关闭程序等，本节将详细介绍电脑键盘的知识。

2.1.1 主键盘区

键盘上有许多按键，每个按键的功能不同，主键盘区是键盘的主要部分，用于输入字母、数字、符号和汉字等，共 61 个按键，包括 26 个字母键、10 个数字键、11 个符号键和 14 个控制键，如图 2-1 所示。

图 2-1

➢ 字母键：位于主键盘区的中间，包括 A-Z 的 26 个字母按键，用于输入中英文字母或汉字。

➢ 控制键：位于主键盘区的外围，共有 14 个控制按键，其中【Shift】【Ctrl】【Windows】【Alt】按键左右各有一个，用于辅助执行命令。【Tab】键也称制表键，每按一次，光标向右移动 8 个字符。【Caps Lock】键用于字母大小写切换。【Shift】键常与双字符键连用，按住【Shift】键，再按下双字符键，输入双字符键上方的符号。【Ctrl】键和【Alt】键需要与其他按键组合使用。按下【Windows】键可以弹出开始菜单，等同于【开始】按钮。【Space Bar】键又称"空格键"，用于输入空格。【Enter】键又称"回车键"，在操作命令时用于确定命令。【Back Space】键又称"退格键"，用于删除光标左边一个字符的内容。

➢ 符号键：位于主键盘区的右侧，其中每个按键都有两个字符，通过与【Shift】键的组合使用，可以输入上方的符号。

➢ 数字键：位于主键盘的上方，包括 0 ~ 9 的 10 个数字按键，用于输入数字，在输入汉字时，也可能需要数字按键配合使用，以选择输入的汉字而且 10 个数字键的上方也有符号，同样通过与【Shift】键的组合使用可以输入上方的符号。

2.1.2 功能键区

功能键区位于键盘的最上方，主要用来完成一些特殊的任务和工作，包括 16 个按键，如图 2-2 所示。

图 2-2

- 【Esc】键：用来结束和退出程序，也可以取消正在执行的命令。
- 【F1】键 – 【F12】键：软功能键，按下不同的功能键可以实现相应的功能。
- 【Wake Up】键：又称"唤醒键"，可以将系统从休眠状态中唤醒。
- 【Sleep】键：又称"休眠键"，使系统进入休眠状态。
- 【Power】键：控制电源。

【F1】 – 【F12】键功能

　　【F1】键：可以打开【帮助】对话框；【F2】键：用于修改图标名称；【F3】键：可以打开【搜索结果】窗口；【F4】键：可以打开当前下拉列表框；【F5】键：用于刷新当前窗口的内容；【F6】键：可以切换当前选择的内容；【F10】键：可以打开该窗口菜单栏中的菜单；【F11】键：可以隐藏当前窗口中的标题栏和菜单栏。

2.1.3　编辑键区

编辑键区位于主键盘区的右侧，主要功能是移动光标，包括 9 个编辑按键和 4 个方向键，如图 2-3 和图 2-4 所示。

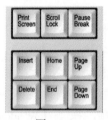

图　2-3　　　　　　图　2-4

- 【Printer Screen】键：拷屏键，按下该键可以将当前屏幕内容以图像形式复制到剪贴板中。
- 【Scroll Lock】键：屏幕锁定键，在 DOS 操作系统中按下该键可以使屏幕停止滚动。
- 【Pause】键：也称暂停键，可以暂停当前执行的命令，再次按下即可恢复。
- 【Insert】键：也称插入键，在 Word 中可以在插入和改写状态间互相转换。
- 【Home】键：也称首键，可以将光标定位在其所在行的行首。
- 【Page Up】键：上一页键，可以向上翻阅一页。
- 【Delete】键：删除键，可以删除光标所在位置右侧的字符。
- 【Page Down】键：下一页键，可以向下翻阅一页。
- 【↑】【↓】键：上/下方向键，可以控制光标上/下移动。
- 【←】【→】键：左/右方向键，可以控制光标左/右移动。

2.1.4　数字键区

数字键区也称为小键盘区，位于编辑键区的右侧，含有 17 个按键，其功能是快速输入数字，如图 2-5 所示。

- ➤【Num Lock】键：也称数字锁定键，用于控制数字键区上下档的切换，当按下该键时，状态指示灯区中第一个指示灯亮，表明此时为数字状态；当再次按下该键时，指示灯将熄灭，切换为光标控制状态。
- ➤【Enter】键：与主键盘区中的【Enter】键基本相同，用于在运算结束时显示运算结果。
- ➤【/】键、【＊】键、【－】键、【＋】键：相当于数学运算中的除号、乘号、减号、加号。

图　2-5

2.1.5　状态指示灯区

状态指示灯区位于数字键区的上方，由【Num Lock】（数字键盘的锁定指示灯）、【Caps Lock】（大写字锁定指示灯）和【Scroll Lock】（滚屏锁定指示灯）组成，如图 2-6 所示。

图　2-6

- ➤【Num Lock】指示灯：显示输入数字键的状态，当指示灯亮起时，表示当前是输入数字状态，反之，表示当前是编辑状态。
- ➤【Caps Lock】指示灯：显示输入字母大小写的状态，当指示灯亮起时，表示当前输入的是字母大写状态，反之则是小写状态。
- ➤【Scroll Lock】指示灯：显示 DOS 状态下的锁定屏幕状态，当指示灯亮起时，表示当前屏幕为锁定状态，反之，当前屏幕为正常状态。

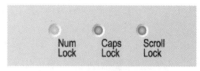

Section 2.2　正确使用键盘

手机扫描右侧二维码，观看本节视频课程：1 分 09 秒

长时间在电脑前工作、学习或者娱乐容易疲劳，学会正确地使用键盘，可以有效地减少疲劳，提高工作效率，使用键盘应该学会键位分工和正确的打字姿势，本节将详细介绍正确的使用键盘方面的知识。

2.2.1　认识基准键位

使用键盘打字时，每个手指都有明确的分工，手指协调配合才能提高打字速度，下面详细介绍基准键位方面的知识。

基准键位是打字时手指所处的基准位置，敲击其他任何键，手指都是从这里出发，而且敲击完后要立即退回到基本键位。

基准键位共有 8 个按键，分别是【A】【S】【D】【F】【J】【K】【L】【;】键，依次对应左手的小指、无名指、中指、食指和右手的食指、中指、无名指、小指，大拇指放在空格上，如图 2-7 所示。

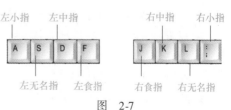

图　2-7

2.2.2　手指的键位分工与指法练习

键盘的指法分区主要是针对主键盘区的，其规则为：将主键盘区分成 8 个部分，由 8 个手指分别对应 8 个部分的按键，两个大拇指控制空格键，下面介绍指法分区的组成部分，如图 2-8 所示。

图　2-8

掌握键盘指法后，便可以开始练习击键了，击键的方法为：将双手放置到相应的基准键位上，然后根据键盘指法，敲击相应的按键，击键后手指要迅速返回到基本键位。

指法练习小窍门

对于主键盘区内两侧的控制键，并没有严格指定指法分区，一般左侧的控制键由左小指控制，右侧的控制键则由右小指控制，对于编辑键区和小键盘区中的按键，一般由右手控制。

2.2.3　正确的打字姿势

养成正确的打字姿势，可以提高工作效率，对自身的健康也有一定的好处，下面详细介绍正确的打字姿势，如图 2-9 所示。

图　2-9

➤ 屏幕及键盘应该在正前方，不应让脖子及手腕处于倾斜的状态。
➤ 屏幕的中心应比眼睛的水平低，屏幕离眼睛最少有一个手臂的距离。
➤ 身体坐直，不要半坐半躺，不要让身体呈角度不正的姿势。
➤ 大腿应尽量保持于前手臂平行的姿势。
➤ 手、手腕及手肘应保持在一条直线上。
➤ 双脚轻松平稳放在地板或脚垫上。
➤ 椅座高度应调到手肘呈近 90 度弯曲，手指能够自然架在键盘正上方的状态。
➤ 腰背贴在椅背上，背靠斜角保持在 10 ~ 30 度左右。

认识鼠标

手机扫描右侧二维码，观看本节视频课程：1 分 19 秒

鼠标是电脑中的重要输入设备之一，外形像一只小老鼠，因此被称为鼠标，鼠标就像电脑中的"指挥官"，使用鼠标可以对电脑发布命令，执行各种操作，本节将详细介绍鼠标的知识。

2.3.1　鼠标的外观

目前比较常用的鼠标为三键鼠标，其按键包括鼠标左键、鼠标中键和鼠标右键，如图 2-10 所示。

鼠标中键　　　　　　　　　　　鼠标右键

鼠标左键

图　2-10

2.3.2　鼠标的分类

按内部构造区分，可以将鼠标分为机械式、光机式、光电式和无线式四大类，下面详细介绍各类鼠标的特点。

1. 机械式鼠标

机械式鼠标结构最为简单，在滚轴的末端有译码轮，译码轮附有金属导电片与电刷直接接触，因此，磨损较厉害，机械式鼠标已基本淘汰。

2. 光机鼠标

所谓光机鼠标，顾名思义就是一种光电和机械相结合的鼠标。

3. 光电鼠标

光电鼠标适用于对精度要求较高的场合，不仅手感舒适、操控简易，而且实现了免维护。

4. 无线鼠标

无线鼠标利用数字、电子、程序语言等原理，以干电池为能源，可以远距离控制光标的移动。操作人员可在一米左右的距离自由遥控，并且不受角度的限制。

无线鼠标的安装方法

首先要给无线鼠标安装上电池，把无线接收装置插到电脑上，然后将无线鼠标和无线接收装置进行对码，将无线鼠标底部的按钮与无线接收器上面的按钮按下，无线接收器上的指示灯会快速闪烁，表示匹配成功。移动鼠标接收器上的指示灯会跟着快速闪烁，无线鼠标即可正常使用。

2.3.3　使用鼠标的注意事项

使用鼠标时，不正确的使用方法将损坏鼠标，应注意以下几点。

➤ 避免在衣物、报纸、地毯、糙木等光洁度不高的表面使用鼠标。

➤ 禁止磕碰鼠标。

➤ 禁止在高温强光下使用鼠标。

➤ 禁止将鼠标放入液体中。

➤ 光电鼠标中的发光二极管、光敏三极管都是怕振动的配件，使用时要注意尽量避免强力拉扯鼠标连线。

➤ 注意保持感光板的清洁和感光状态良好，避免灰尘附着在发光二极管和光敏三极管上，而遮挡光线接收，影响正常使用。

鼠标垫的作用

　　鼠标垫，是指放在鼠标下的小垫子，主要的功能是防止玻璃等特殊材质的表面反射与折射影响鼠标的感光器定位，为鼠标提供一个方便感光器系统计算移动向量的平面。也有不少鼠标垫可以增加腕托，以提高手部舒适度。

Section 2.4　使用鼠标

手机扫描右侧二维码，观看本节视频课程：1 分 42 秒

　　在所有的电脑配件中，鼠标和人们的手是最密不可分的，电脑的大部分操作都是通过鼠标来实现的。鼠标在长时间、高频率的使用下，很容易损坏，要想延长鼠标的工作寿命，就要注意正确的使用方法，正确使用鼠标还可以有效避免手腕的不舒适感。

2.4.1　正确握持鼠标

　　使用电脑时，不论是坐姿，还是键盘的指法或者鼠标的握持姿势，都必须正确掌握，否则可能会导致身体疲惫，降低工作效率，下面详细介绍正确握持鼠标的方法。

　　食指和中指自然地放置在鼠标的左键和右键上，拇指横放在鼠标的左侧，无名指与小指自然放置在鼠标的右侧。手掌轻贴在鼠标的后部，手腕自然垂放于桌上，如图 2-11 所示。

图　2-11

2.4.2　鼠标指针的功能

　　鼠标的指针在不同状态下有不同的功能，熟知各种不同的功能，对于实际操作有很大的指导意义，下面详细介绍各种指针的功能。

　　15 种鼠标指针功能大概可分为 3 类，一是选择方面，比如正常选择、帮忙选择、精确

选择、文本选择、链接选择；二是移动方面，主要是在 Excel 中应用，比如垂直移动、水平移动、沿对角线移动，以及整列或者整行的移动；三是其他方面，比如候选、忙、后台运行等。用户可以在【控制面板】→【鼠标】→【指针】选项面板中进行具体的鼠标指针功能设置，如图 2-12 所示。

图　2-12

　鼠标的基本操作

在 Windows 中，大部分的操作都是通过鼠标完成的，其中包括移动、单击、双击、右击和拖动等操作，下面详细介绍鼠标的基本操作知识。

1. 移动

移动鼠标是指将鼠标指针从一个位置移动到另一个位置，在屏幕上可以看到移动的过程。

2. 单击

单击也称为"左键单击"，此操作常用于选定某个选项或者按钮，被选中的对象呈高亮显示，也可以单击执行某个命令。

3. 双击

双击即连续两次快速单击，是指使用食指快速敲击鼠标左键两次，此操作一般用于启动某个程序或任务、打开某个窗口或文件夹。

4. 右击

右击就是单击鼠标右键，右键单击可以弹出一个与当前鼠标光标所指对象相关联的快捷菜单，便于快速执行某项命令。

5. 拖动

拖动是指将鼠标指针定位在准备拖动的对象上方，按住鼠标左键不放，移动鼠标指针至目标位置。

智慧锦囊

鼠标的基本操作——滚动

滚动是对鼠标滚轮的操作，滚动鼠标滚轮或单击鼠标滚轮均可向下或向上滚动页面文档，滚动鼠标滚轮主要用于阅读文章或查看资料。

Section 2.5 实践案例与上机指导

手机扫描右侧二维码，观看本节视频课程：0 分 54 秒

本章学习了使用电脑键盘和鼠标的知识。在本节中，将通过实际操作达到对本章所学知识点的拓展巩固的目的。

2.5.1 更改鼠标双击的速度

在本章中介绍了键盘与鼠标操作方面的知识，下面将结合实践应用，上机练习鼠标设置的具体操作。通过本节练习，读者可以进一步对鼠标的使用有更加深入的了解。

在 Windows 操作过程中，要使鼠标与操作系统真正做到"人机合一"，离开了鼠标设置是不行的，下面详细介绍更改鼠标双击速度的操作方法。

图 2-13

1 在搜索框中输入"控制面板"。

① 在 Windows 10 系统桌面上，单击【有问题尽管问我】按钮。

② 在弹出的搜索框中输入"控制面板"。

③ 单击搜索到的程序，如图 2-13 所示。

图 2-14

2 在【控制面板】窗口中单击【鼠标】链接。

① 打开【控制面板】窗口，在【查看方式】列表框中选择【小图标】选项。

② 单击【鼠标】链接，如图 2-14 所示。

图　2-15

3 设置鼠标速度。

❶ 弹出【鼠标 属性】对话框，在【鼠标键】选项卡的【双击速度】区域中，移动【速度】滑块来改变双击速度。

❷ 设置完成后单击【确定】按钮即可完成操作，如图 2-15 所示。

2.5.2　交换左键和右键的功能

在日常生活中，有的用户习惯左手操控鼠标，需要将鼠标的左右键功能交换，在 Windows 10 系统桌面上选择【控制面板】→【鼠标】→【鼠标键】选项，在打开的【鼠标 属性】对话框中勾选【切换主要和次要的按钮】复选框，单击【确定】按钮即可完成操作，如图 2-16 所示。

图　2-16

设置将指针移动到默认按钮

用户还可以在【指针选项】选项卡中勾选【自动将指针移动到对话框中的默认按钮（U）】复选框，即可在打开对话框时自动将指针移动到对话框中的默认按钮上。

03

第3章

轻松掌握Windows 10系统

本章内容导读

本章主要介绍了电脑桌面、操作开始菜单和操作电脑桌面方面的知识与技巧，同时还讲解了如何操作窗口，本章末尾针对实际的工作需求，讲解了使用虚拟桌面和添加桌面到工具栏等方法。通过本章的学习，读者可以掌握Windows 10系统桌面方面的知识。

本章知识要点

(1) 认识全新的电脑桌面
(2) 操作开始菜单
(3) 操作电脑桌面
(4) 操作窗口

认识全新的电脑桌面

手机扫描右侧二维码，观看本节视频课程：1 分 40 秒

进入 Windows 10 操作系统后，用户首先看到的就是桌面，所有的文件、文件夹和应用程序都可以在桌面中找到并打开。桌面由图标、背景、任务栏以及 Task View 等元素组成。本节将详细介绍有关 Windows 10 桌面的知识。

3.1.1 桌面图标

Windows 10 操作系统中所有的文件、文件夹和应用程序等都由相应的图标表示。桌面图标一般由文字和图片组成，文字是图标的名称或功能，图片是它的标识符。用户双击桌面上的图标，可以快速打开相应的文件、文件夹或者应用程序，如双击桌面上的【回收站】图标，即可打开【回收站】窗口，如图 3-1 和图 3-2 所示。

图 3-1

图 3-2

打开桌面图标的其他方法

除了双击打开桌面图标之外，用户还可以鼠标右键单击图标，在弹出的快捷菜单中选择【打开】菜单项。

3.1.2 桌面背景

桌面背景是指 Windows 10 桌面系统背景图案，也称为墙纸，用户可以根据需要设置桌面的背景图案，图 3-3 所示为 Windows 10 操作系统的默认桌面背景。

3.1.3 任务栏

任务栏是位于桌面底部的长条，主要由【开始】按钮、【有问题尽管问我】按钮、任务视图、快速启动区、通知区域和【显示桌面】按钮组成，如图 3-4 所示。

图　3-3

图　3-4

默认情况下，通知区域位于任务栏的右侧，其中包含一些程序图标，这些程序图标显示有关接收的电子邮件、更新、网络连接等事项的状态和通知。安装新程序时，可以将该程序的图标添加到通知区域。

 任务视图

任务视图 是 Windows 10 系统中新增的一项功能，通俗地说，任务视图功能能够同时以缩略图的形式，全部展示电脑中打开的软件、浏览器、文件等任务界面，方便用户快速进入指定软件或者关闭某个软件。

智慧锦囊

创建多桌面的方法

单击【任务视图】按钮，可以看到当前桌面的缩略图，右下角会出现一个【+新建桌面】按钮，底部会出现一条列表，并且出现一个"桌面2"，这样即可创建多个桌面。多桌面的主要作用是更系统地管理自己的桌面环境，可以将软件分门别类地放置在不同的桌面上。

Section
3.2   操作【开始】菜单

手机扫描右侧二维码，观看本节视频课程：2 分 06 秒

在 Windows 10 操作系统中，【开始】菜单有了一些变化，Windows 10 – 14342 版系统取

消了【开始】菜单中的【所有程序】，点击【开始】按钮以后，即可查看【开始】菜单中的所有项目。

3.2.1 认识【开始】屏幕

单击桌面左下角的【开始】按钮，即可弹出【开始】屏幕工作界面，主要由【展开】按钮▤、用户名（Administrator）▥、【文件资源管理器】按钮▦、【设置】按钮▧、【电源】按钮⏻、所有应用程序和【动态磁贴】面板等组成，如图 3-5 所示。

图 3-5

3.2.2 将程序固定到【开始】菜单

系统默认的情况下，【开始】屏幕主要包含了生活动态、播放和浏览等主要应用，用户可以根据需要将应用程序添加到【开始】屏幕中。

打开【开始】菜单，在程序列表中右键单击要固定到【开始】屏幕的程序，在弹出的快捷菜单中选择【固定到【开始】屏幕】菜单项，即可将程序固定到【开始】屏幕中。如果要从【开始】屏幕中取消固定，则右键单击【开始】屏幕中的程序，在弹出的快捷菜单中选择【从【开始】屏幕取消固定】菜单项即可，如图 3-6 和图 3-7 所示。

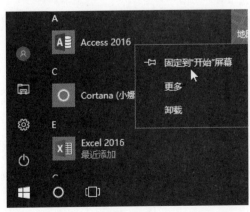

图 3-6

图 3-7

3.2.3　将程序固定到任务栏

用户除了可以将应用程序固定到"开始"屏幕外，还可以将应用程序固定到任务栏中的快速启动区域，方便使用程序时快速启动。

在"开始"菜单中右键单击准备要添加到任务栏的程序，在弹出的快捷菜单中选择【更多】→【固定到任务栏】命令，即可将程序固定到任务栏中，如图 3-8 所示。

对于不常用的程序图标，用户也可以将其从任务栏中删除，右键单击需要删除的程序图标，在弹出的快捷菜单中选择【从任务栏取消固定】菜单项即可，如图 3-9 所示。

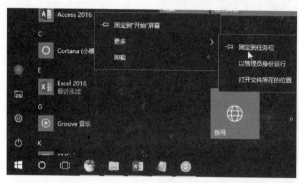

图　3-8

图　3-9

智慧锦囊

调整程序图标顺序的方法

用户可以通过拖曳图标，调整任务栏中程序图标的顺序。此外，任务栏上程序图标的大小也是可以进行设置的。

3.2.4　打开与关闭动态磁贴

动态磁贴（Live Tile）是"开始"屏幕界面中的图形方块，也叫"磁贴"，通过磁贴可以快速打开应用程序。

在磁贴上单击鼠标右键，在弹出的快捷菜单中选择【更多】→【关闭动态磁贴】或【打开动态磁贴】命令，即可关闭或打开磁贴的动态显示，如图 3-10 和图 3-11 所示。

图　3-10

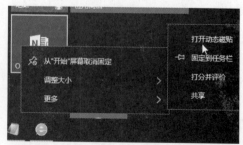

图　3-11

调整磁贴大小的方法

在磁贴上单击鼠标右键，在弹出的快捷菜单中选择【调整大小】菜单项，在弹出的子菜单中有 4 种显示方式可供选择，包括【小】【中】【宽】和【大】，选择相应的菜单项，即可调整磁贴的大小。

3.2.5 管理【开始】屏幕的分类

如果要全屏幕显示【开始】屏幕，则在【开始】菜单中执行【设置】→【个性化】→【开始】命令，将【使用全屏幕"开始"屏幕】选项的开关设置为【开】，如图 3-12 所示，即可完成操作。

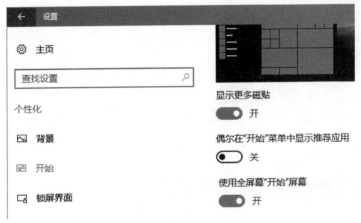

图 3-12

调整动态磁贴的位置

动态磁贴不仅可以调整大小，还可以调整位置，选择要调整位置的磁贴，按住鼠标左键不放，拖曳至任意位置或分组，释放鼠标左键即可完成调整动态磁贴位置的操作。

Section 3.3 操作电脑桌面

手机扫描右侧二维码，观看本节视频课程：2 分 36 秒

在 Windows 10 操作系统中，所有的文件、文件夹以及应用程序都由形象化的图标表示，双击桌面图标可以快速打开相应的文件、文件夹或应用程序，本节将详细介绍操作电脑桌面的知识。

3.3.1　添加系统图标

用户可以根据自身的办公需要添加经常使用的系统图标到桌面上，方便平时快速打开该程序，下面详细介绍添加系统图标的操作方法。

在桌面空白处单击鼠标右键，在弹出的快捷菜单中选择【个性化】菜单项，打开【设置 – 个性化】窗口，选择【主题】选项卡，单击右侧【桌面图标设置】链接项，如图 3-13 和图 3-14 所示。

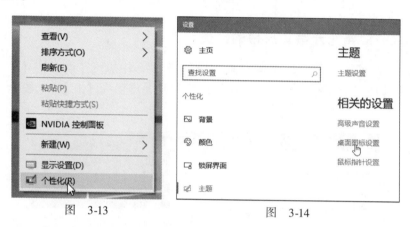

图　3-13　　　　　　　　　　图　3-14

弹出【桌面图标设置】对话框，在其中勾选准备添加的系统图标复选框，单击【确定】按钮，返回到桌面，可以看到刚刚选择的系统图标已经添加到桌面上，如图 3-15 和图 3-16 所示。

图　3-15　　　　　　　　　　图　3-16

3.3.2　添加桌面快捷图标

为了便于操作，用户可以将文件、文件夹和应用程序的图标添加到桌面上，下面详细介绍操作方法。

图　3-17

图　3-18

1 打开"开始"菜单，拖曳程序至桌面上。

❶ 在桌面上单击【开始】按钮。

❷ 在弹出的【开始】菜单中拖曳准备创建快捷方式的程序如【腾讯 QQ】至桌面上，如图 3-17 所示。

2 释放鼠标左键，完成添加图标的操作。

释放鼠标左键，可以看到桌面上已经添加了一个【腾讯 QQ】程序图标，通过以上步骤即可完成添加桌面快捷图标的操作，如图 3-18 所示。

将文件夹添加到桌面

如果想把文件夹添加到桌面上，则鼠标右键单击文件夹，在弹出的快捷菜单中选择【发送到】菜单项，在弹出的子菜单中选择【桌面快捷方式】菜单项，即可将文件夹添加到桌面上。

3.3.3　设置图标的大小及排列

在桌面空白处右键单击鼠标，在弹出的快捷菜单中选择【查看】菜单项，在弹出的子菜单中显示 3 种图标大小，包括【大图标】【中等图标】和【小图标】，用户可以根据需要进行选择，如图 3-19 所示。

在桌面空白处右键单击鼠标，在弹出的快捷菜单中选择【排列方式】菜单项，在弹出的子菜单中有 4 种排列方式，分别为【名称】【大小】【项目类型】和【修改日期】，用户可以根据需要进行选择，如图 3-20 所示。

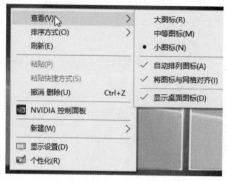

图 3-19

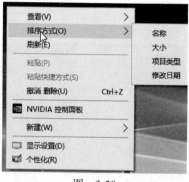

图 3-20

3.3.4　更改桌面图标

用户可以更改桌面图标的标识，下面详细介绍更改桌面图标的标识的方法。

图 3-21

1 鼠标右键单击桌面，选择【个性化】菜单项。

在桌面空白处单击鼠标右键，在弹出的快捷菜单中选择【个性化】菜单项，如图 3-21 所示。

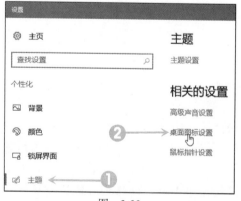

图 3-22

2 打开【设置 – 个性化】窗口，单击【桌面图标设置】链接项。

❶ 打开【设置 – 个性化】窗口，选择【主题】选项卡。

❷ 单击右侧【桌面图标设置】链接项，如图 3-22 所示。

图　3-23

图　3-24

图　3-25

3 单击【更改图标】按钮。

　　弹出【桌面图标设置】对话框，单击【更改图标】按钮，如图 3-23 所示。

4 在列表框中选择图标。

① 弹出【更改图标】对话框，在【从以下列表中选择一个图标】列表框中选择一个图标。

② 单击【确定】按钮，如图 3-24 所示。

5 查看更改后的效果。

　　返回到桌面，可以看到【此电脑】的图标已经更改，如图 3-25 所示。

更改图标名称

　　除了更改桌面图标的标识外，还可以更改图标的名称，鼠标右键单击需要更改名称的图标，在弹出的快捷菜单中选择【重命名】菜单项，图标名称进入编辑状态，输入新的名称，按下【Enter】键即可完成操作。

3.3.5　删除桌面图标

　　对于不常用的桌面图标，用户可以将其删除，这样可以使桌面看起来更简洁美观。

　　在桌面上鼠标右键单击【腾讯讯 QQ】图标，在弹出的快捷菜单中选择【删除】菜单项，即可将图标删除，如图 3-26 所示。

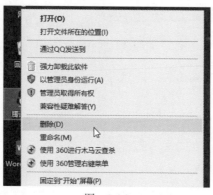

图　3-26

操作窗口

手机扫描右侧二维码，观看本节视频课程：4 分 42 秒

在 Windows 10 操作系统中，窗口是用户界面中最重要的组成部分，对窗口的操作是最基本的操作。本节将介绍窗口的组成元素、打开和关闭窗口、移动窗口的位置、调整窗口的大小等方面的内容。

3.4.1　窗口的组成元素

窗口是屏幕上与应用程序相对应的矩形区域，是用户与产生该窗口的应用程序之间的可视界面。当用户开始运行一个应用程序时，应用程序即创建并显示一个窗口；当用户操作窗口中的对象时，程序会做出相应的反应。用户可以通过关闭窗口来终止程序的运行，也可以通过选择相应的应用程序窗口来选择相应的应用程序。

图 3-27 所示为【此电脑】窗口，由标题栏、快速访问工具栏、菜单栏、地址栏、控制

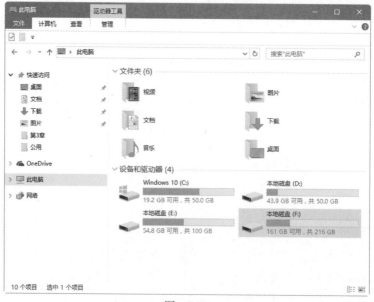

图　3-27

按钮区、搜索框、导航窗格、内容窗格、内容窗口、状态栏和视图按钮等部分组成。

1. 标题栏

标题栏位于窗口的最上方，显示了当前的目录位置。标题栏右侧分别为【最小化】【最大化/还原】和【关闭】3 个按钮，单击相应的按钮可以执行相应的窗口操作，如图 3-28 所示。

图　3-28

2. 快速访问工具栏

快速访问工具栏位于菜单栏的下方，包含了【属性】【新建文件夹】【自定义快速访问工具栏】3 个按钮，如图 3-29 所示。

单击【自定义快速访问工具栏】按钮，弹出下拉列表，用户可以单击勾选列表中的功能选项，将其添加到快速访问工具栏中，如图 3-30 所示。

图　3-29　　　　　图　3-30

3. 菜单栏

菜单栏位于标题栏下方，包含了当前窗口或窗口内容的一些常用操作菜单，菜单栏的右侧为【展开功能区/最小化功能区】和【帮助】按钮，如图 3-31 所示。

图　3-31

4. 地址栏

地址栏位于菜单栏的下方，主要显示从根目录开始到现在所在目录的路径。单击地址栏即可看到具体的路径，如图 3-32 所示。

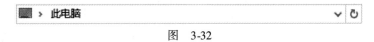

图　3-32

5. 控制按钮区

控制按钮区位于地址栏的左侧，主要用于返回、上移到前一个目录位置或前进到下一个目录位置。单击折叠按钮，打开下拉列表，可以查看最近访问的位置信息。单击下拉列表中的位置信息，可以快速进入该位置目录，如图 3-33 所示。

图　3-33

6. 搜索框

搜索框位于地址栏的右侧，通过在搜索框中输入要查看信息的关键字，可以快速查找当前目录中相关的文件、文件夹，如图 3-34 所示。

图　3-34

7. 导航窗格

导航窗格位于控制按钮区下方，显示了电脑中包含的具体位置，如快速访问、OneDrive、此电脑、网络等，用户可以通过左侧的导航窗格，快速访问相应的目录。另外，用户也可以单击导航窗格中的【展开】按钮或【折叠】按钮，显示或隐藏详细的子目录，如图 3-35 所示。

图　3-35

8. 内容窗口

内容窗口位于导航窗格右侧，是显示当前目录的内容区域，也叫工作区域，如图 3-36 所示。

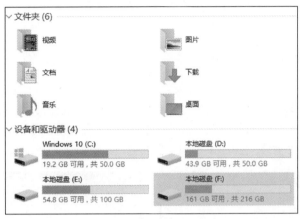

图　3-36

9. 状态栏

状态栏位于导航窗格下方，显示当前目录文件中的项目数量，也会根据用户选择的内容，显示所选文件或文件夹的数量、容量等属性信息，如图 3-37 所示。

10. 视图按钮

视图按钮位于状态栏右侧，包含了【在窗口中显示每一项的相关信息】和【使用大缩略图显示项】两个按钮，用户可以单击选择视图方式，如图 3-38 所示。

图　3-37　　　　　　　图　3-38

3.4.2 打开和关闭窗口

打开和关闭窗口是最基本的操作，本节主要介绍其操作方法。

1. 打开窗口

右键单击程序图标，在弹出的快捷菜单中选择【打开】菜单项，如图 3-39 所示。

2. 关闭窗口

窗口使用完毕后，用户可以将其关闭，单击窗口右上角的【关闭】按钮，即可将当前窗口关闭，如图 3-40 所示。

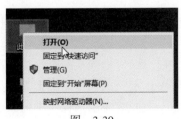

图　3-39

图　3-40

3.4.3 移动窗口的位置

当窗口没有处于最大化或最小化状态时，将鼠标指针放在需要移动位置的窗口的标题栏上，按住鼠标左键不放，拖曳标题栏到需要移动到的位置，释放鼠标，即可完成窗口位置的移动。

3.4.4 调整窗口的大小

默认情况下，打开的窗口大小和上次关闭时的大小一样。将鼠标指针移动到窗口的边缘，当指针变为 ↕ 或 ↔ 形状时，拖曳鼠标可上下或左右移动边框，以纵向或横向改变窗口大小。将鼠标指针移动到窗口的任意角点，当鼠标指针变为 ↖ 或 ↗ 形状时，拖曳鼠标，可沿水平或垂直两个方向等比例放大或缩小窗口，如图 3-41 和图 3-42 所示。

图　3-41

图　3-42

智慧锦囊

【最小化】按钮和【向下还原】按钮的作用

单击窗口右上角的【最小化】按钮，可以使当前窗口最小化；单击【最大化】按钮，可以使当前窗口最大化；在窗口最大化时，单击【向下还原】按钮，可还原到窗口最大化之前的大小。

3.4.5 切换当前活动窗口

如果同时打开了多个窗口，用户有时会需要在各个窗口之间进行切换操作。

1. 使用鼠标切换

在需要切换的窗口中任意位置单击鼠标，该窗口即可出现在所有窗口的最前面。

另外，将鼠标指针停留在任务栏的某个程序图标上，该程序图标上方会显示该程序的预览小窗口，在预览小窗口中移动鼠标指针，桌面上会同时显示该程序中的某个窗口。如果是需要切换的窗口，则单击该窗口，该窗口即可显示在桌面上，如图 3-43 所示。

图 3-43

2. 使用【Alt + Tab】组合键切换

在 Windows 10 系统中，使用主键盘区中的【Alt + Tab】组合键切换窗口时，桌面中间会出现当前打开的各程序预览小窗口，按住【Alt】键不放，每按一次【Tab】键，就会切换一次，直至切换到需要打开的窗口为止，如图 3-44 所示。

图 3-44

快速切换窗口

在 Windows 10 系统中，按下键盘主键盘区中的【Win + Tab】组合键或单击【任务视图】按钮，即可显示当前桌面环境中的所有窗口缩略图，在需要切换的窗口上单击，即可快速切换到该窗口。

3.4.6 窗口贴边显示

在 Windows 10 系统中，如果需要同时处理两个窗口，可以按住一个窗口的标题栏，拖曳至屏幕左右边缘或角落位置，窗口会出现气泡，此时释放鼠标，窗口即会贴边显示。

实践案例与上机指导

手机扫描右侧二维码，观看本节视频课程：1分19秒

本章学习了电脑桌面方面的知识，在本节中，将结合实际工作应用，通过上机练习，进一步掌握本章所学知识点。

3.5.1 使用虚拟桌面

通过本节练习，读者可以进一步对 Windows 10 系统有更加深入的了解。

使用虚拟桌面的方法非常简单，下面详细介绍操作方法。

图 3-45

1 单击【任务视图】按钮。

在 Windows 10 系统桌面上单击任务栏中的【任务视图】按钮，如图 3-45 所示。

图 3-46

2 单击【新建桌面】按钮。

进入虚拟桌面操作界面，单击【新建桌面】按钮，如图 3-46 所示。

■ **指点迷津**

在 Windows 10 桌面中同时按下【Win + Ctrl + D】组合键，也可以快速创建新的 Windows 10 桌面。

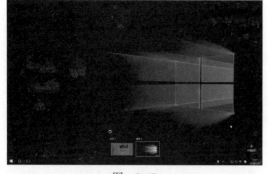

图 3-47

3 在两个桌面间移动图标。

此时即新建一个桌面，系统会自动命名为"桌面2"，用户可以将图标在两个桌面间移动，如图 3-47 所示。

3.5.2 添加桌面到工具栏

将"桌面"图标添加到工具栏后，可以通过单击该图标，快速打开桌面上的应用程序，

下面详细介绍添加"桌面"图标到工具栏的操作方法。

图 3-48

图 3-49

1 选择【工具栏】→【桌面】菜单项。

① 鼠标右键单击任务栏空白处，在弹出的快捷菜单中选择【工具栏】菜单项。

② 在弹出的子菜单中选择【桌面】菜单项，如图3-48所示。

2 添加"桌面"图标到工具栏。

可以看到"桌面"图标已经添加到工具栏中，如图3-49所示。

快速打开桌面功能

单击添加的"桌面"图标右侧的 按钮，在弹出的下拉列表中选择相应选项，可以快速打开桌面上的功能。

3.5.3 使用分屏功能

使用 Windows 10 的分屏功能，可以将多个不同桌面的应用窗口展示在一个屏幕中，并和其他应用自由组合成多个任务模式。使用分屏功能展示多个应用窗口的操作很简单，按住鼠标左键，将桌面上的应用程序窗口向左拖动，直至屏幕出现分屏提示框（灰色透明蒙版），释放鼠标左键，即可实现分屏显示窗口。

配合使用键盘上的 Windows 键与上、下、左、右方向键，更易实现多任务分屏。

04

管理电脑中的文件和文件夹

本章内容导读

本章主要介绍了文件和文件夹、文件资源管理器、搜索文件与文件夹方面的知识与技巧，同时还讲解了回收站的使用方法。在本章的最后还针对实际工作需求，讲解了隐藏/显示文件或文件夹和添加常用文件夹到"开始"屏幕的方法。

本章知识要点

(1) 文件和文件夹
(2) 资源管理器
(3) 操作文件与文件夹
(4) 搜索文件和文件夹
(5) 使用回收站

Section 4.1　文件和文件夹

手机扫描右侧二维码，观看本节视频课程：2 分 10 秒

电脑中的数据是以文件的形式保存到其中的，而文件夹则用来分类电脑中的文件。如果准备在电脑中存储数据，那么就需要了解一些专业术语，本节将介绍文件和文件夹方面的知识。

4.1.1　磁盘分区与盘符

电脑中的主要存储设备为硬盘，但是硬盘不能直接存储资料，需要将其划分为多个空间，而划分出的空间即为磁盘分区，如图 4-1 所示。磁盘分区是使用分区编辑器（partition editor）在磁盘上划分的几个逻辑部分，盘片一旦划分成数个分区，不同类的目录与文件可以存储进不同的分区。分区越多，就可以将文件的性质区分得更细，但太多分区也会给查找文件造成麻烦。

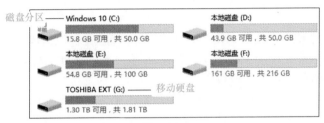

图　4-1

Windows 10 系统一般是用【此电脑】来存放文件，此外，也可以用移动存储设备来存放文件，如 U 盘、移动硬盘以及手机的内部存储等。理论上来说，文件可以被存放在【此电脑】的任意位置，但是为了便于管理，文件应按性质分盘存放。

通常情况下，电脑的硬盘最少需要划分为 3 个分区：C、D 和 E 盘。

C 盘主要用来存放系统文件。所谓系统文件，是指操作系统和应用软件中的系统操作部分。一般系统默认情况下都会被安装在 C 盘，包括常用的程序。

D 盘主要用来存放应用软件文件，Office、Photoshop 等程序常常被安装在 D 盘。小的软件如 RAR 压缩软件等可以安装在 C 盘；大的软件如 3ds Max 等需要安装在 D 盘，这样可以少用 C 盘的空间，从而提高系统运行的速度。

E 盘用来存放用户自己的文件，如电影、图片和 Word 资料文件等。如果硬盘还有多余空间，可以尝试添加更多的分区。

根据自身情况改变软件的安装路径

几乎所有的软件默认的安装路径都在 C 盘中，电脑用得越久，C 盘被占用的空间就越多。随着时间的增加，系统反应会越来越慢。所以安装软件时，需要根据自身情况改变安装路径。

4.1.2 什么是文件和文件夹

在 Windows 10 系统中，文件是单个名称在电脑中存储信息的集合，是最基础的存储单位。在电脑中，一篇文稿、一组数据、一段声音和一张图片等都属于文件，图 4-2 所示为一段声音文件。每个文件都有自己唯一的名称，Windows 10 正是通过文件的名称来对文件进行管理的。

图 4-2

在 Windows 10 系统中，文件名由"基本名"和"扩展名"构成，他们之间用英文符号"."隔开。文件的图标和扩展名代表了文件的类型，看到文件图标和文件的扩展名即可判断文件的类型。文件命名有以下规则。

➤ 文件名称长度最多可达 256 个字符，1 个汉字相当于 2 个字符。

➤ 文件名中不能出现这些字符：斜线（\、/）、竖线（|）、小于号（<）、大于号（>）、冒号（:）、引号（""）、问号（?）、星号（*）。

➤ 文件命名不区分大小写字母，如"abc. txt"和"ABC. txt"是同一个文件名。

➤ 同一个文件夹下的文件名称不能相同。

智慧锦囊

Windows 10 系统支持长文件名

Windows 10 系统支持长文件名，甚至在文件和文件夹名称中允许出现空格。在 Windows 10 中，默认情况下系统自动按照类型显示和查找文件，有时为了方便查找和转换，也可以为文件制定扩展名。

4.1.3 文件路径

文件和文件夹的路径表示文件或文件夹所在的位置，路径的表示有绝对路径和相对路径两种方法。

绝对路径是从根文件夹开始的表示方法，根通常用 \ 来表示，如 C:\Windows\System32 表示 C 盘下的 Windows 文件夹下的 System32 文件夹。根据文件或文件夹提供的路径，用户可以在电脑上找到该文件或文件夹的存放位置，图 4-3 所示为 C 盘下的 Windows 文件夹下的 System32 文件夹。

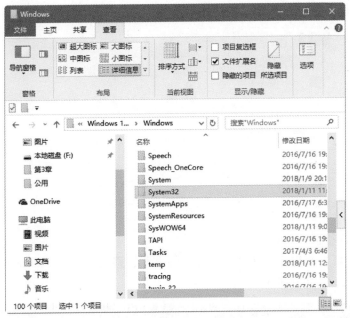

图 4-3

Section 4.2 文件资源管理器

手机扫描右侧二维码，观看本节视频课程：2 分 00 秒

在 Windows 10 操作系统中，文件资源管理器是一项系统服务，负责管理数据库、持续消息队列或事务性文件系统中的持久性或持续性数据。资源管理器存储数据并执行故障恢复。在文件资源管理器中还可以对文件进行打开、复制、移动等操作。

4.2.1 文件资源管理器功能区

在 Windows 10 操作系统中，文件资源管理器采用了 Ribbon 界面，最明显的标识就是采用了标签页和功能区的形式，便于用户的管理。

在文件资源管理器中默认隐藏功能区，用户可以单击窗口最右侧的向下按钮或按下【Ctrl + F】组合键展开或隐藏功能区，如图 4-4 所示。另外，单击标签页选项卡，也可以显示功能区。

图 4-4

在 Ribbon 界面中，主要包含【文件】【主页】【共享】和【查看】4 个标签页，单击不同的标签页，则显示不同类型的命令。

1.【文件】标签页

单击该标签页，在弹出的菜单中包含【打开新窗口】【打开命令提示符】【打开Windows PowerShell】【更改文件夹和搜索选项】【帮助】以及【关闭】6 个菜单项，右侧还会显示最近用户经常访问的"常用位置"，如图 4-5 所示。

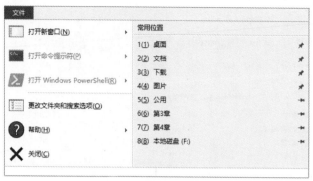

图　4-5

2.【主页】标签页

【主页】标签页主要包含对文件或文件夹的复制、移动、粘贴、重命名、删除、查看属性和选择等操作按钮，如图 4-6 所示。

图　4-6

3.【共享】标签页

【共享】标签页中主要包含对文件的发送和共享操作按钮，如文件压缩、刻录、打印等，如图 4-7 所示。

图　4-7

4.【查看】标签页

【查看】标签页主要包含对窗口、布局、视图和显示/隐藏等操作按钮，如图 4-8 所示。

图　4-8

其他标签页

除了上述主要的标签页外，当文件夹中包含图片时，还会出现【图片工具】标签页，当文件夹中包含音乐文件时，还会出现【音乐工具】标签页。另外，还有【管理】【解压缩】【应用程序工具】等标签页。

4.2.2　打开和关闭文件或文件夹

鼠标右键单击需要打开的文件或文件夹，在弹出的快捷菜单中选择【打开】菜单项，即可打开该文件或文件夹，如图 4-9 所示。

一般文件的打开都和相应的软件有关，在软件的右上角有一个【关闭】按钮，单击该按钮即可关闭文件，图 4-10 所示为记事本软件的【关闭】按钮。文件夹的关闭方法与文件的关闭方法类似，这里不再赘述。

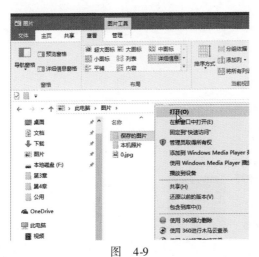

图　4-9

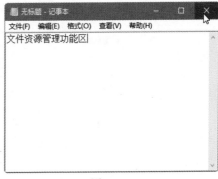

图　4-10

4.2.3　将文件夹固定在"快速访问"列表中

对于常用的文件夹，用户可以将其固定在"快速访问"列表中，以方便查找，下面详细介绍操作方法。

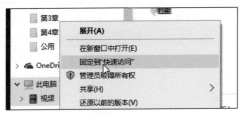

图　4-11

1 选择【固定到"快速访问"】菜单项。

鼠标右键单击"视频"文件夹，在弹出的快捷菜单中选择【固定到"快速访问"】菜单项，如图 4-11 所示。

图　4-12

2 视频文件夹已经固定到"快速访问"列表中。

　　打开【文件资源管理器】窗口，可以看到选中的文件夹已经固定到"快速访问"列表中，如图 4-12 所示。

4.2.4　从"快速访问"列表打开文件或文件夹

　　在"快速访问"列表中单击准备打开的文件夹如"图片"文件夹，即可打开该文件夹，如图 4-13 所示。

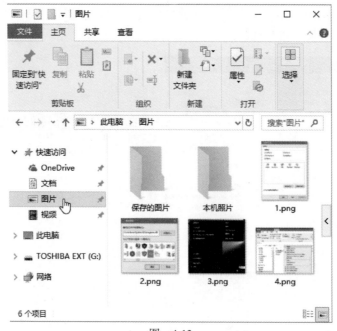

图　4-13

Section 4.3　操作文件与文件夹

手机扫描右侧二维码，观看本节视频课程：2 分 52 秒

　　用户要想管理电脑中的数据，首先要掌握文件和文件夹的基本操作，文件和文件夹的基本操作包括创建文件和文件夹、打开文件和文件夹、复制和移动文件与文件夹、删除文件和文件夹、重命名文件和文件夹。

4.3.1　创建文件或文件夹

　　创建文件和文件夹是最基本的操作，下面详细介绍创建文件和文件夹的操作方法。

1. 创建文件

通过【新建】命令来创建新文件的方法非常简单，下面详细介绍操作方法。

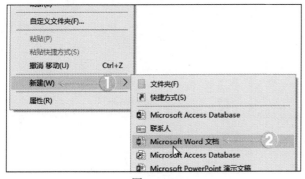

图　4-14

1 利用【新建】菜单创建 Word 文档。

① 在文件夹窗口的空白处右键单击鼠标，在弹出的快捷菜单中选择【新建】菜单项。

② 在弹出的子菜单中选择【Microsoft Word 文档】菜单项，如图 4-14 所示。

图　4-15

2 输入文件名称。

可以看到窗口中已经新建了一个 Word 文档，文档名字处于选中状态，使用搜狗输入法输入新名称，如图 4-15 所示。

图　4-16

3 完成新建文件的操作。

输入新名字，然后按下回车键即可完成新建文件的操作，如图 4-16 所示。

2. 创建文件夹

在文件夹窗口空白处单击鼠标右键，在弹出的快捷菜单中选择【新建】→【文件夹】命令，窗口中会新创建一个文件夹，名称呈选中状态，输入新名字，按下回车键即可完成创建文件夹的操作，如图 4-17 和图 4-18 所示。

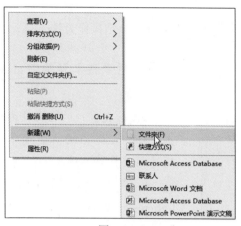

图 4-17　　　　　　　　　　　　　图 4-18

4.3.2　更改文件或文件夹的名称

新建文件或文件夹后，用户还可以给文件或文件夹重命名，下面以重命名文件为例，详细介绍重命名的操作方法。

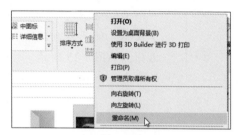

图 4-19

1 选择【重命名】菜单项。

鼠标右键单击准备重命名的图片文件，在弹出的快捷菜单中选择【重命名】菜单项，如图 4-19 所示。

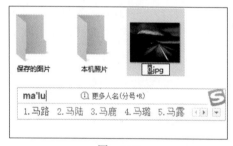

图 4-20

2 输入新名称。

可以看到名称处于选中状态，使用搜狗输入法输入新名称，如图 4-20 所示。

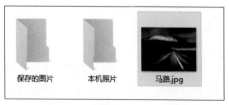

图 4-21

3 完成重命名文件的操作。

输入新名称，然后按下回车键，即可完成重命名文件的操作，如图 4-21 所示。

4.3.3　复制/移动文件或文件夹

复制和移动文件或文件夹的方法非常简单，本节以复制/移动文件为例，详细介绍复制和移动方法。

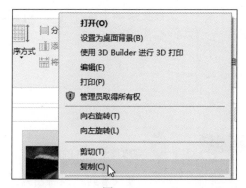

图　4-22

1 选择【复制】菜单项。

　　鼠标右键单击准备复制的文件，在弹出的快捷菜单中选择【复制】菜单项，如图4-22所示。

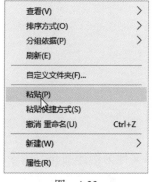

图　4-23

2 选择【粘贴】菜单项。

　　在空白处单击鼠标右键，在弹出的快捷菜单中选择【粘贴】菜单项，如图4-23所示。

■ **指点迷津**

　　在文件夹中的【主页】选项卡中单击【复制】与【粘贴】按钮，同样可以完成复制、粘贴操作。

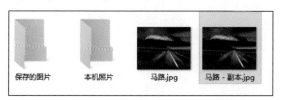

图　4-24

3 完成复制文件的操作。

　　可以看到已经创建了一个文件副本，通过以上步骤即可完成复制文件的操作，如图 4-24 所示。

图　4-25

4 选择【剪切】菜单项。

　　鼠标右键单击准备移动的文件，在弹出的快捷菜单中选择【剪切】菜单项，如图4-25所示。

图 4-26

5 选择【粘贴】菜单项。

打开准备移动到的文件夹，鼠标右键单击空白处，在弹出的快捷菜单中选择【粘贴】菜单项，如图 4-26 所示。

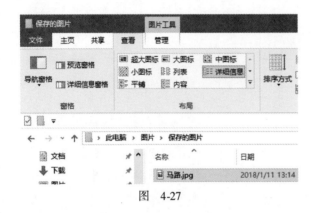

图 4-27

6 完成移动文件的操作。

可以看到已经将图片文件移动到该文件夹中，如图 4-27 所示。

4.3.4 删除文件或文件夹

删除文件和删除文件夹的方法相同，下面以删除文件为例详细介绍删除的操作方法。

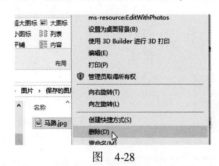

图 4-28

1 选择【删除】菜单项。

鼠标右键单击准备删除的文件，在弹出的快捷菜单中选择【删除】菜单项，如图 4-28 所示。

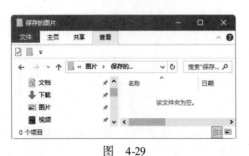

图 4-29

2 完成删除文件的操作。

文件从文件夹中消失，通过以上步骤即可完成删除文件的操作，如图 4-29 所示。

Section

4.4

搜索文件和文件夹

手机扫描右侧二维码，观看本节视频课程：0 分 53 秒

当用户忘记了文件或文件夹的位置，只是知道该文件或文件夹的名称时，可以通过搜索功能来搜索需要的文件或文件夹。搜索分为简单搜索和高级搜索，本节将详细介绍有关搜索功能的知识。

4.4.1　简单搜索

简单搜索的方法很简单，下面详细介绍简单搜索的操作方法。

图　4-30

图　4-31

1 单击【有问题尽管问我】按钮，在搜索框中输入关键字。

单击任务栏上的【有问题尽管问我】按钮 ◯，弹出搜索菜单，在搜索框中使用搜狗输入法输入关键字如"马路"，如图 4-30 所示。

2 选择需要的文件。

系统自动开始搜索，在搜索到的文件中选择需要的文件，即可完成简单搜索的操作，如图 4-31 所示。

4.4.2　高级搜索

Cortana 是微软专门打造的人工智能机器人，单击【有问题尽管问我】按钮即可进入 Cortana，其功能包括本地搜索、自然语言搜索、生活提醒、快捷闹钟、位置提醒、线路导航、日程跟踪、航班查询、英汉翻译、一键追剧、度量转换、股票指数、音乐播放、语音响应等。

进入 Cortana 搜索菜单后，用户可以根据准备搜索内容的类型选择相应的选项，以达到缩小搜索范围的目的，在【筛选器】下拉列表中涵盖了【全部】【设置】【视频】【网页】【文档】【文件夹】【音乐】【应用】【照片】等选项，如图 4-32 所示。

图　4-32

智慧锦囊

Cortana 的工作原理

　　Cortana 会记录用户的行为和使用习惯，然后利用云计算、必应搜索和非结构化数据分析程序，读取和"学习"包括计算机中的数据，来理解用户的语义和语境，从而实现人机交互。

Section
4.5　　**使用回收站**
手机扫描右侧二维码、观看本节视频课程：0 分 48 秒

　　回收站是 Windows 操作系统里的一个系统文件夹，主要用来存放用户临时删除的文档资料，存放在回收站的文件可以被还原，也可以被彻底删除。本节将介绍还原回收站中的文件以及清空回收站的相关知识。

4.5.1　　还原回收站中的文件

　　回收站中的内容可以还原至原来的存储位置，下面详细介绍还原回收站中的内容的操作方法。

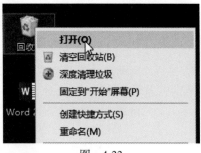

图　4-33

1 选择【打开】菜单项。

　　在系统桌面上右键单击【回收站】图标，在弹出的快捷菜单中选择【打开】菜单项，如图 4-33 所示。

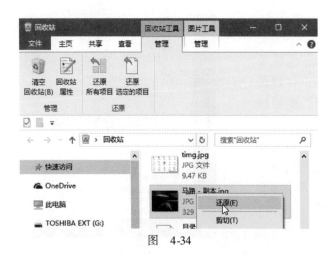

图　4-34

2 选择【还原】菜单项。

　　打开【回收站】窗口，鼠标右键单击准备还原的文件，在弹出的快捷菜单中选择【还原】菜单项，即可完成还原回收站中的文件的操作，如图 4-34 所示。

还原文件的其他方法

　　用户还可以选中准备还原的文件，选择【管理】选项卡，在【还原】组中单击【还原选中的项目】按钮，这样也能使文件还原到原来的保存位置。

4.5.2　清空回收站

　　如果回收站中的内容不需要保留了，用户可以将其清空，达到节省空间的目的，下面介绍清空回收站的操作方法。

图　4-35

1 选择【清空回收站】菜单项。

　　在系统桌面上右键单击【回收站】图标，在弹出的快捷菜单中选择【清空回收站】菜单项，如图4-35所示。

图　4-36

2 单击【是】按钮。

　　弹出【删除多个项目】对话框，单击【是】按钮，即可完成清空回收站操作，如图4-36所示。

Section 4.6　实践案例与上机指导

手机扫描右侧二维码，观看本节视频课程：1分15秒

　　本章学习了操作文件、文件夹、文件资源管理器的知识，在本节中，将结合实际工作应用，通过上机练习，达到对本章所学知识点拓展巩固的目的。

4.6.1　隐藏/显示文件或文件夹

　　本章介绍了管理电脑中的文件和文件夹方面的知识，下面将结合实践应用，上机练习管理文件和文件夹的具体操作。

　　如果文件夹中保存了重要的内容，可以将其隐藏从而保证资料的安全，下面以隐藏文件为例，介绍隐藏文件或文件夹的操作方法。

图 4-37

图 4-38

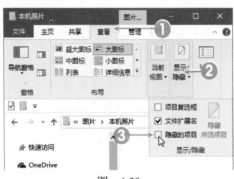

图 4-39

图 4-40

1 单击【隐藏所选项目】按钮。

❶ 打开准备隐藏的文件所在文件夹，选中文件。

❷ 选择【查看】选项卡。

❸ 单击【显示/隐藏】下拉按钮。

❹ 在弹出的列表中单击【隐藏所选项目】按钮，如图 4-37 所示。

2 文件夹中的文件已经消失。

可以看到文件夹中的文件已经消失，显示该文件夹为空，这样即可完成隐藏文件的操作，如图 4-38 所示。

3 勾选【隐藏的项目】复选框。

❶ 打开准备隐藏的文件所在文件夹，选择【查看】选项卡。

❷ 单击【显示/隐藏】下拉按钮。

❸ 在弹出的选项中勾选【隐藏的项目】复选框，如图 4-39 所示。

4 显示已经被隐藏的文件。

可以看到文件夹中已经显示被隐藏的文件，通过以上步骤即可显示已经被隐藏的文件，如图 4-40 所示。

4.6.2　添加常用文件夹到"开始"屏幕

用户还可以将常用的文件夹添加到"开始"屏幕中，添加的方法非常简单，选中准备添加的文件夹，然后鼠标右键单击该文件夹，在弹出的快捷菜单中选择【固定到"开始"屏幕】菜单项，即可完成操作，如图 4-41 所示。

4.6.3　显示文件的扩展名

打开文件所在的文件夹，在【查看】选项卡中的【显示/隐藏】组中勾选【文件扩展名】复选框，即可显示文件的扩展名，如图 4-42 所示。

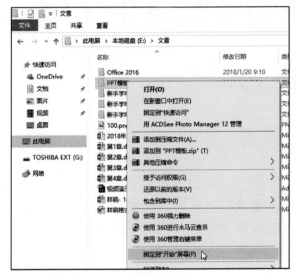

图　4-41

图　4-42

05

第5章

设置个性化的电脑操作环境

本章内容导读

本章主要介绍了设置Microsoft账户、设置系统显示效果方面的知识与技巧，同时还讲解了如何设置个性化桌面、设置Windows自动登录和使用图片密码的方法。通过本章的学习，读者可以掌握设置个性化的电脑操作环境的知识。

本章知识要点

(1) 设置Microsoft账户
(2) 设置系统显示效果
(3) 设置个性化桌面

设置 Microsoft 账户

手机扫描右侧二维码，观看本节视频课程：5 分 11 秒

管理 Windows 用户账户是使用 Windows 10 系统的第一步，Microsoft 账户是用于登录 Windows 的电子邮件地址和密码，注册并登录 Microsoft 账户，才可以使用 Windows 10 的更多功能应用，并可以同步设置。

5.1.1　认识 Microsoft 账户

Microsoft 账户（也称"微软账户"，Microsoft Account）是之前的 Windows Live ID 的新名称。在 Windows 10 中集成了很多 Microsoft 服务，但都需要用到 Microsoft 账户。

Microsoft 账户是免费且易于设置的系统账户，用户可以使用自己所选的任何电子邮件地址完成该账户的注册与登记操作，例如可以使用 Outlook.com、Gmail 等地址作为 Microsoft 账户。

使用 Microsoft 账户可以登录并使用任何 Microsoft 应用程序和服务，如 Outlook.com、OneDrive、Skype、Hotmail、Office 365、Xbox 等，而且登录 Microsoft 账户后，还可以在多个 Windows 10 设备上同步设置和操作内容。

用户使用 Microsoft 账户登录本地计算机后，部分 Modern 应用启动时默认使用 Microsoft 账户，如 Windows 应用商店，使用 Microsoft 账户才能购买并下载 Modern 应用程序。

如果使用电子邮件地址和密码登录这些或其他服务，说明用户已经有了 Microsoft 账户，不过随时可以注册新账户。用户也可以使用 Microsoft 账户登录所有运行 Windows 8 以上系统的电脑。

智慧锦囊

更改安全信息的注意事项

创建新账户后 14 天内无须确认即可添加、删除或更改安全信息。账户使用日期超过 14 天后，就需要按照系统发送给用户的说明确认信息。添加安全信息时，系统会要求用户确认设置。用户可以按照发送到备用电子邮件地址的邮件中的说明确认设置。

5.1.2　注册和登录 Microsoft 账户

在首次使用 Windows 10 系统时，系统会以计算机的名称创建本地账户，如果需要更改，则需要注册并登录 Microsoft 账户，下面介绍操作方法。

图 5-1

1 在"开始"菜单中单击 Administrator 按钮。

❶ 在系统桌面上单击【开始】按钮。

❷ 在弹出的"开始"菜单中单击【Administrator】按钮。

❸ 在弹出的菜单中选择【更改账户设置】菜单项，如图 5-1 所示。

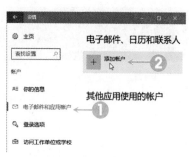

图 5-2

图 5-3

图 5-4

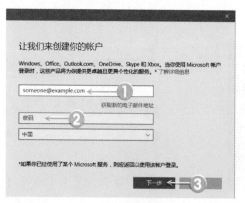

图 5-5

2 单击【添加账户】按钮。

❶ 打开【设置 账户】窗口，选择【电子邮件和应用账户】选项卡。

❷ 单击【添加账户】按钮，如图 5-2 所示。

3 选择【Outlook. com】选项。

弹出【添加账户】对话框，选择【Outlook. com】选项，如图 5-3 所示。

4 单击【创建一个】链接项。

弹出【添加你的 Microsoft 账户】对话框，单击【创建一个】链接项，如图 5-4 所示。

5 设置密码。

❶ 进入【让我们来创建你的账户】界面，在第一个文本框中输入电子邮箱地址。

❷ 在第二个文本框中输入密码。

❸ 单击【下一步】按钮，如图 5-5 所示。

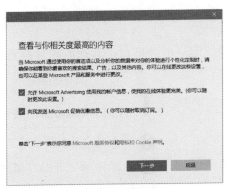

图　5-6

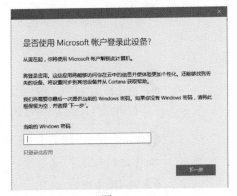

图　5-7

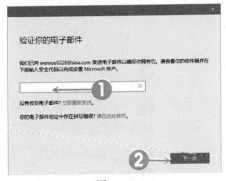

图　5-8

图　5-9

6 单击【下一步】按钮。

进入【查看与你相关度最高的内容】界面，单击【下一步】按钮，如图5-6所示。

7 进入【是否使用 Microsoft 账户登录此设备】界面。

进入【是否使用 Microsoft 账户登录此设备】界面，如果有 Windows 密码则输入密码，没有则直接单击【下一步】按钮，如图5-7所示。

8 单击【下一步】按钮。

❶ 进入【验证你的电子邮件】界面，输入验证码。

❷ 单击【下一步】按钮，如图5-8所示。

9 完成注册并登录 Microsoft 账户。

返回到【设置账户】窗口，可以看到在窗口右侧已经添加了刚刚注册的账户，通过以上步骤即可完成注册并登录 Microsoft 账户的操作，如图5-9所示。

5.1.3 添加账户头像

登录 Microsoft 账户后，默认没有任何头像，用户可以将自己喜欢的图片设置为该账户的头像，下面介绍操作方法。

图 5-10

1 单击【Administrator】按钮。

❶ 在系统桌面上单击【开始】按钮。

❷ 在弹出的"开始"菜单中单击【Administrator】按钮。

❸ 在弹出的菜单中选择【更改账户设置】菜单项，如图 5-10 所示。

图 5-11

2 在【设置 账户】窗口中选择【通过浏览方式查找一个】选项。

❶ 在【设置 账户】窗口中，选择【你的信息】选项卡。

❷ 选择【通过浏览方式查找一个】选项，如图 5-11 所示。

图 5-12

3 选择图片文件。

❶ 弹出【打开】对话框，在对话框左侧选择图片所在位置。

❷ 选中图片文件。

❸ 单击【选择图片】按钮，如图 5-12 所示。

图 5-13

4 完成账户头像设置。

返回【设置 账户】窗口，可以看到头像位置已经显示为刚刚设置的图片，如图 5-13 所示。

5.1.4　设置账户登录密码

定期更改密码可以确保账户的安全，更改账户密码的方法非常简单，下面详细介绍更改方法。

图　5-14

图　5-15

图　5-16

1 单击【Administrator】按钮。

❶ 在系统桌面上单击【开始】按钮。

❷ 在弹出的"开始"菜单中单击【Administrator】按钮。

❸ 在弹出的菜单中选择【更改账户设置】菜单项，如图 5-14 所示。

2 单击【更改】按钮。

❶ 在【设置账户】窗口中，选择【登录选项】选项卡。

❷ 在【更改你的账户密码】下方单击【更改】按钮，如图 5-15 所示。

3 单击【登录】按钮。

❶ 弹出【请重新输入密码】对话框，在文本框中输入密码。

❷ 单击【登录】按钮，如图 5-16 所示。

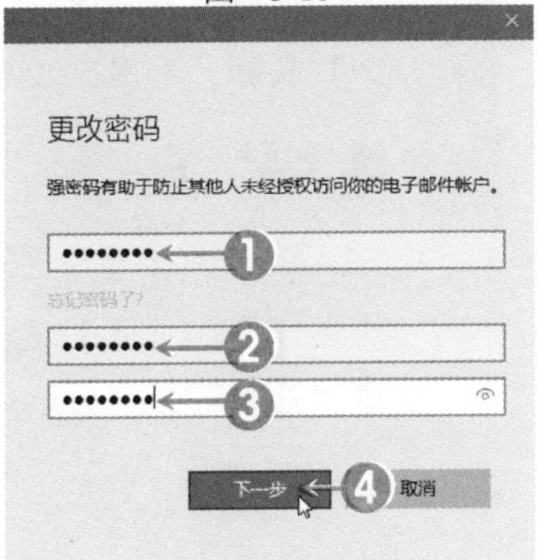

4 设置新密码。

❶ 进入【更改密码】对话框，在第一个文本框中输入旧密码。

❷ 在第二个文本框中输入新密码。

❸ 在第三个文本框中再次输入新密码。

❹ 单击【下一步】按钮，如图 5-17 所示。

图　5-17

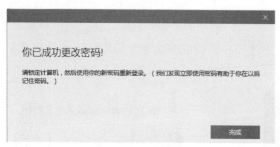

图 5-18

5 单击【完成】按钮。

进入【你已成功更改密码】对话框，单击【完成】按钮即可完成更改账户密码的操作，如图 5-18 所示。

5.1.5 设置开机密码为 PIN 码

PIN 是为了方便移动、手持设备进行身份验证的一种密码措施，在 Windows 8 版本中就已被使用。设置 PIN 之后，在登录系统时，只要输入设置的数字字符，不需要按【Enter】键或单击鼠标，即可快速登录系统。下面详细介绍设置开机密码为 PIN 码的操作方法。

图 5-19

1 选择【更改账户设置】菜单项。

❶ 在系统桌面上，单击【开始】按钮。

❷ 在弹出的"开始"菜单中单击【Administrator】按钮。

❸ 在弹出的菜单中选择【更改账户设置】菜单项，如图 5-19 所示。

图 5-20

2 单击【添加】按钮。

❶ 在【设置 账户】窗口中选择【登录选项】选项卡。

❷ 在【PIN】区域下方单击【添加】按钮，如图 5-20 所示。

■ 多学一点

鼠标右键单击桌面空白处，选择【显示设置】选项，也可以打开【设置】窗口。

图　5-21

3 输入密码，单击【确定】按钮。

❶ 弹出【Windows 安全性】对话框，在第一个文本框中输入密码。

❷ 在第二个文本框中再次输入密码。

❸ 单击【确定】按钮即可完成设置 PIN 密码的操作，如图 5-21 所示。

<table>
<tr><td>Section
5.2</td><td>**设置系统显示效果**
手机扫描右侧二维码，观看本节视频课程：2 分 03 秒</td><td></td></tr>
</table>

　　用户可以对电脑的显示效果进行个性化设置，如设置电脑屏幕的分辨率、添加或删除通知区域显示的图标类型、启动或关闭系统图标以及设置显示的应用通知等，本节将详细介绍有关电脑显示设置方面的知识。

5.2.1　调整屏幕分辨率

　　显示器的分辨率是指单位面积显示像素的数量，刷新率是指每秒画面被刷新的次数，合理设置显示器的分辨率和刷新率可以保证电脑画面的显示质量，也可有效地保护自己的视力。下面介绍设置显示器分辨率和刷新率的方法。

图　5-22

1 选择【显示设置】菜单项。

　　鼠标右键单击桌面空白处，在弹出的快捷菜单中选择【显示设置】菜单项，如图 5-22 所示。

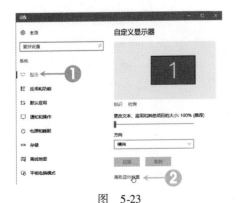

图　5-23

2 单击【高级显示设置】链接项。

❶ 打开【设置 系统】窗口，选择【显示】选项卡。

❷ 单击【高级显示设置】链接项，如图 5-23 所示。

智慧锦囊

将监视器更改为不支持的分辨率的后果

更改屏幕分辨率会影响登录到此计算机上的所有用户，如果将监视器设置为它不支持的屏幕分辨率，那么该屏幕在几秒钟内将变为黑色，监视器将还原为原始分辨率。

5.2.2 设置通知区域图标

可以根据用户的需要进行隐藏和显示通知区域的图标，下面详细介绍隐藏通知区域图标的操作方法。

图 5-24

1 选择【设置】菜单项。

鼠标右键单击任务栏空白处，在弹出的快捷菜单中选择【设置】菜单项，如图 5-24 所示。

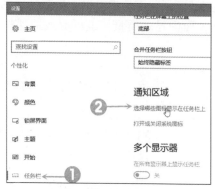

图 5-25

2 单击【选择哪些图标显示在任务栏上】链接项。

❶ 打开【设置】窗口，选择【任务栏】选项卡。

❷ 在【通知区域】下方单击【选择哪些图标显示在任务栏上】链接项，如图 5-25 所示。

图 5-26

3 单击要显示图标右侧的【开/关】按钮。

弹出【选择哪些图标显示在任务栏上】窗口，单击要显示图标右侧的【开/关】按钮，即可将该图标显示/隐藏在通知区域中，如图 5-26 所示。

图　5-27

4 查看通知区域图标。

返回到系统桌面中，可以看到通知区域中显示了刚刚设置为【开】的图标，如图 5-27 所示。

如果想要删除通知区域的某个图标，将图标的显示状态设置为【关】即可。

5.2.3　启动或关闭系统图标

用户可以根据自己的需要启动或关闭任务栏中显示的系统图标，下面介绍具体方法。

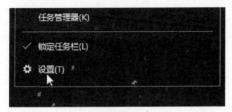

图　5-28

1 选择【设置】菜单项。

鼠标右键单击任务栏空白处，在弹出的快捷菜单中选择【设置】菜单项，如图 5-28 所示。

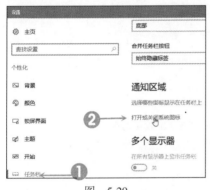

图　5-29

2 单击【打开或关闭系统图标】链接项。

❶ 打开【设置 个性化】窗口，选择【任务栏】选项卡。

❷ 在【通知区域】下方单击【打开或关闭系统图标】链接项，如图 5-29 所示。

图　5-30

3 单击要显示图标右侧的【开/关】按钮。

弹出【打开或关闭系统图标】窗口，单击要显示图标右侧的【开/关】按钮，即可将该图标显示/隐藏在通知区域中，如图 5-30 所示。

图 5-31

4 返回系统桌面中查看效果。

返回到系统桌面中，可以看到通知区域中显示了刚刚设置为【开】的图标，如图 5-31 所示。

5.2.4　设置显示的应用通知

Windows 10 的显示应用通知功能主要用于显示应用的通知信息，若关闭则不会显示任何应用的通知。在【设置 系统】窗口中的【通知和操作】选项卡下，可以找到【通知】设置区域，如图 5-32 所示。如果想要关闭显示应用通知的功能，只需单击【获取来自应用和其他发送者的通知】下方的【开/关】按钮，将其设置为【关】即可。

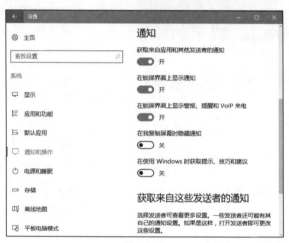

图 5-32

智慧锦囊

不显示通知的方法

若关闭【在锁屏界面上显示警报、提醒和 VoIP 来电】选项，在锁屏界面上将不会显示警报、提醒和 VoIP 来电。若关闭【在锁屏界面上显示通知】选项，在锁屏界面上即不会显示通知，该功能主要用于 Windows Phone 和平板电脑。

Section 5.3　设置个性化桌面

手机扫描右侧二维码，观看本节视频课程：2 分 09 秒

桌面是打开电脑并登录 Windows 之后看到的主屏幕区域，用户可以对它进行个性化设

置，让屏幕看起来更漂亮更舒服。Windows 10 操作系统的个性化设置主要包括桌面、背景主题色、锁屏界面、电脑主题等内容。

5.3.1　设置桌面背景和颜色

桌面背景可以是个人收集的数字图片、Windows 提供的图片、纯色或带有颜色框架的图片，也可以是幻灯片图片。下面详细介绍设置桌面背景和颜色的操作方法。

图　5-33

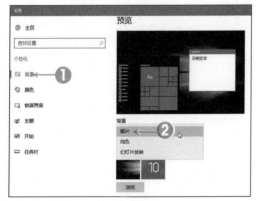

图　5-34

1 选择【个性化】菜单项。

鼠标右键单击桌面空白处，在弹出的快捷菜单中选择【个性化】菜单项，如图5-33 所示。

2 在【背景】下方单击下拉按钮。

❶ 打开【设置 个性化】窗口，选择【背景】选项卡。

❷ 在【背景】下方单击下拉按钮，在弹出的下拉列表中可以对背景样式进行设置，包括【图片】【纯色】和【幻灯片放映】三个选项，单击【浏览】按钮也可以选择本地图片作为桌面背景图，图 5-34 所示。

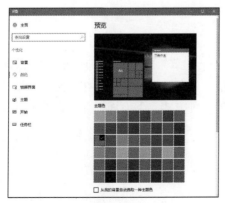

图　5-35

3 选取主题色。

选择【颜色】选项卡，可以让 Windows 自动选取一个主题色，也可以自己选取喜欢的主题色，如图 5-35 所示。

5.3.2　设置锁屏界面

Windows 10 操作系统的锁屏功能主要用于保护电脑的隐私安全，其锁屏所用的图片被称为锁屏界面。用户可以根据自己的喜好设置锁屏界面的背景，下面详细介绍设置锁屏界面的操作方法。

图 5-36

1 选择【个性化】菜单项。

鼠标右键单击桌面空白处，在弹出的快捷菜单中选择【个性化】菜单项，如图5-36所示。

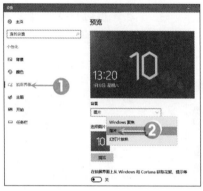

图 5-37

2 设置锁屏图片。

❶ 打开【设置 个性化】窗口，选择【锁屏界面】选项卡。

❷ 在【背景】下方单击下拉按钮，在弹出的列表中可以对背景样式进行设置，包括【图片】【Windows 聚焦】和【幻灯片放映】三个选项，如图5-37所示。

显示快速状态应用的方法

选择【Windows 聚焦】选项，可以在【预览】区域查看设置的锁屏图片样式，还可以选择要显示快速状态的应用。

5.3.3 设置屏幕保护程序

在指定的一段时间内没有使用鼠标和键盘后，屏幕保护程序即会出现在计算机的屏幕上。屏幕保护程序最初用于保护较旧的单色显示器免遭损坏，但现在已经成为使计算机更具个性化或通过密码保护来增强计算机安全性的一种方式。下面详细介绍设置屏幕保护程序的操作方法。

图 5-38

1 选择【个性化】菜单项。

鼠标右键单击桌面空白处，在弹出的快捷菜单中选择【个性化】菜单项，如图5-38所示。

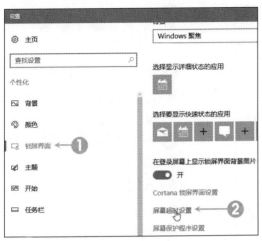

图　5-39

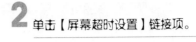

2 单击【屏幕超时设置】链接项。

❶ 打开【设置 个性化】窗口，选择【锁屏界面】选项卡。

❷ 单击【屏幕超时设置】链接项，如图 5-39 所示。

图　5-40

3 设置屏幕和睡眠的时间。

打开【电源和睡眠】窗口，在其中可以设置屏幕和睡眠的时间，如图 5-40 所示。

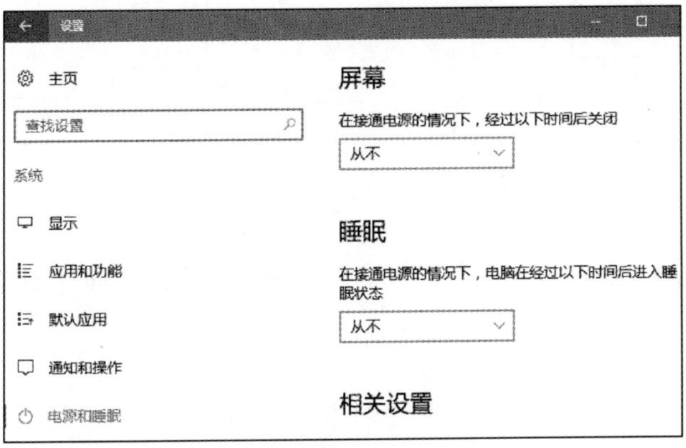

图　5-41

4 单击【屏幕保护程序设置】链接项。

选择【锁屏界面】选项卡，单击【屏幕保护程序设置】链接项，如图 5-41 所示。

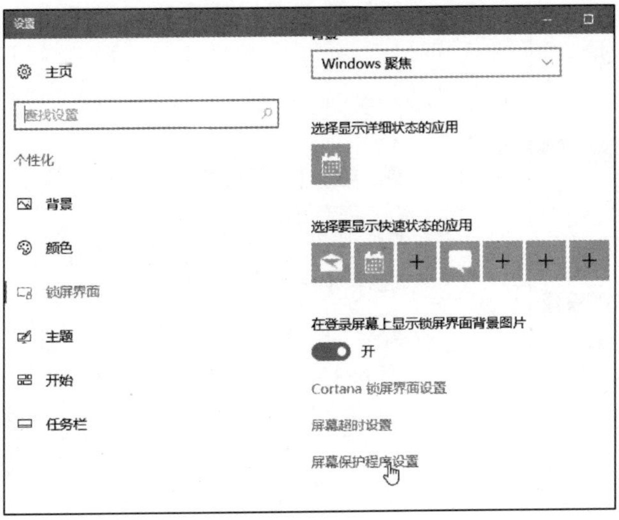

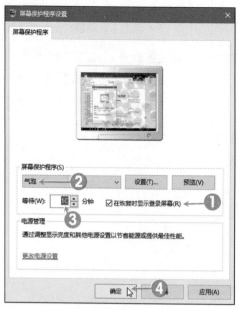

图 5-42

5 设置屏幕保护程序内容，单击【确定】按钮。

❶ 弹出【屏幕保护程序设置】对话框，勾选【在恢复时显示登录屏幕】复选框。

❷ 在【屏幕保护程序】下拉列表中选择【气泡】程序。

❸ 在【等待】微调框中设置时间。

❹ 单击【确定】按钮，即完成设置屏幕保护的操作，如图 5-42 所示。

5.3.4 设置主题

主题是桌面背景图片、窗口颜色和声音的组合，用户可以对主题进行设置，下面详细介绍设置主题的操作方法。

图 5-43

1 选择【个性化】菜单项。

鼠标右键单击桌面空白处，在弹出的快捷菜单中选择【个性化】菜单项，如图 5-43 所示。

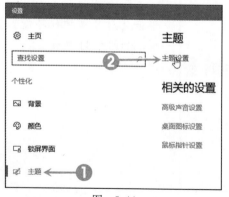

图 5-44

2 单击【主题设置】链接项。

❶ 打开【设置 个性化】窗口，选择【主题】选项卡。

❷ 单击【主题设置】链接项，如图 5-44 所示。

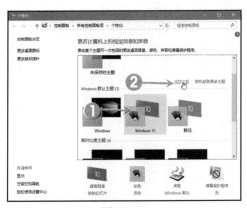

图　5-45

图　5-46

3 设置主题的内容。

❶ 打开主题的设置界面，选择【Windows 默认主题】的【Windows 10】主题样式，下方显示该主题的桌面背景、颜色、声音等信息。

❷ 单击【保护主题】链接项，如图 5-45 所示。

4 输入主题名称，单击【保存】按钮。

❶ 弹出【将主题另存为】对话框，在【主题名称】文本框中输入名称。

❷ 单击【保存】按钮即可完成操作，如图 5-46 所示。

Section 5.4　实践案例与上机指导

手机扫描右侧二维码，观看本节视频课程：2 分 12 秒

通过本章学习，读者不但可以设置系统账户，而且还可以设置个性化桌面。在本节中，将结合实际工作应用，通过上机练习，对本章所学知识点进行拓展巩固。

5.4.1　取消锁屏界面

通过本节练习，读者可以进一步对 Windows 10 有更加深入的了解。取消锁屏界面的方法非常简单，下面详细介绍操作方法。

图　5-47

1 选择【个性化】菜单项。

鼠标右键单击桌面空白处，在弹出的快捷菜单中选择【个性化】菜单项，如图 5-47 所示。

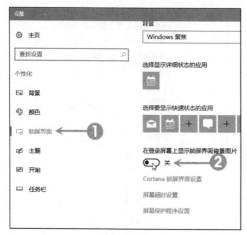

图 5-48

2 设置【关】按钮。

❶ 打开【设置 个性化】窗口，选择【锁屏界面】选项卡。

❷ 将【在登录屏幕上显示锁屏界面背景图片】下方的开关设置为【关】，即可取消锁屏界面，如图5-48 所示。

5.4.2 使用图片密码

图片密码是一种帮助用户保护触摸屏电脑的全新方法，要想使用图片密码，用户需要选择图片并在图片上画出各种手势，以此来创建独一无二的图片密码，下面详细介绍设置图片密码的操作方法。

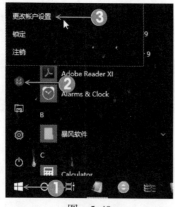

图 5-49

1 选择【更改账户设置】菜单项。

❶ 在系统桌面上单击【开始】按钮。

❷ 在弹出的"开始"菜单中单击【Administrator】按钮。

❸ 在弹出的菜单中选择【更改账户设置】菜单项，如图5-49 所示。

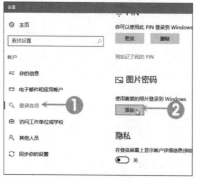

图 5-50

2 单击【添加】按钮。

❶ 在【设置 账户】窗口中选择【登录选项】选项卡。

❷ 在【图片密码】区域中单击【添加】按钮，如图5-50 所示。

图 5-51

图 5-52

图 5-53

图 5-54

3 输入密码。

❶ 弹出【Windows 安全性】对话框，在文本框中输入密码。

❷ 单击【确定】按钮，如图 5-51 所示。

4 单击【选择图片】按钮。

进入【图片密码】窗口，其中含有对密码图片的解释，以及如何制作密码图片的提示，单击【选择图片】按钮，如图 5-52 所示。

5 选中图片，单击【打开】按钮。

❶ 弹出【打开】对话框，在对话框左侧选择图片所在位置。

❷ 选中图片。

❸ 单击【打开】按钮，如图 5-53 所示。

6 单击【使用此图片】按钮。

返回【图片密码】窗口，在其中可以看到刚刚添加的图片，单击【使用此图片】按钮，如图 5-54 所示。

图 5-55

7 绘制手势并确认一遍。

在图片上使用鼠标指针绘制手势，绘制完成后还需要确认一遍，如图 5-55 所示。

图 5-56

8 完成使用图片密码的操作。

手势确认完成后，进入【恭喜！】窗口，单击【完成】按钮即可完成使用图片密码的操作，如图 5-56 所示。

5.4.3 取消开机登录密码

取消开机登录密码的方法如下。

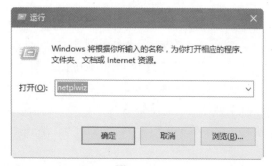

图 5-57

1 打开【运行】对话框，输入【netplwiz】。

在电脑桌面中，按下【Windows + R】组合键，打开【运行】对话框，输入【netplwiz】，按下回车键，如图 5-57 所示。

图 5-58

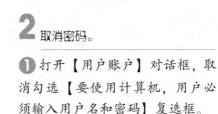

2 取消密码。

❶ 打开【用户账户】对话框，取消勾选【要使用计算机，用户必须输入用户名和密码】复选框。

❷ 单击【应用】按钮，如图 5-58 所示。

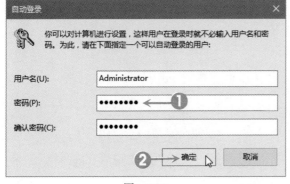

图 5-59

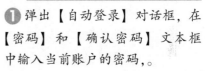

3 输入密码，单击【确定】按钮。

❶ 弹出【自动登录】对话框，在【密码】和【确认密码】文本框中输入当前账户的密码。

❷ 单击【确定】按钮即可取消开机登录密码，如图 5-59 所示。

06

第6章

管理电脑中的软件

本章内容导读

　　本章主要介绍了获取软件的途径、软件的安装与升级，以及软件的卸载方面的知识与技巧，同时还讲解了如何查找安装的软件、安装更多字体和设置默认打开程序。

本章知识要点

(1) 认识常用软件
(2) 获取软件的途径
(3) 软件的安装与升级
(4) 软件的卸载
(5) 查找安装的软件

软件分类极为丰富，包括文件视频音乐、聊天互动、游戏娱乐、系统工具、安全防护、办公软件、教育学习、图形图像、编程开发、手机数码等，本节将详细介绍几种常用软件。

6.1.1 上网工具——浏览器

在办公中，有时需要查找一些资料或下载资料，使用网络应用软件可快速完成这些工作，浏览器就是一款常用的网络应用软件。

浏览器是指可以显示网页服务器或者文件系统的 HTML 文件（标准通用标记语言的一个应用）内容，并让用户与这些文件交互的一种软件。

它用来显示在万维网或局域网内的文字、图像及其他信息。这些文字或图像可以是连接其他网址的超链接，用户通过浏览器可迅速浏览各种信息。

国内常见的网页浏览器有 QQ 浏览器、Internet Explorer、Firefox、Safari，Opera、百度浏览器、搜狗浏览器、猎豹浏览器、360 浏览器、UC 浏览器、傲游浏览器、世界之窗浏览器等，浏览器是最经常使用到的客户端程序，图 6-1 所示为 360 浏览器窗口。

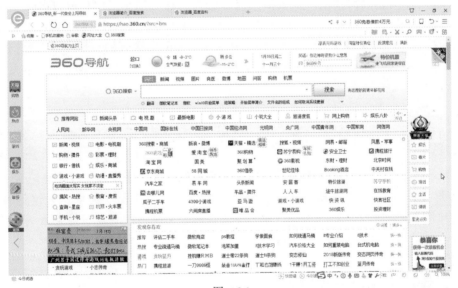

图 6-1

智慧锦囊

浏览器支持广泛的文件格式

一个网页中可以包括多个文档，每个文档都是分别从服务器获取的。大部分浏览器本身支持除了 HTML 之外的广泛格式，例如 JPEG、PNG、GIF 等图像格式，并且能够扩展支持众多的插件。HTTP 内容类型和 URL 协议规范允许网页设计者在网页中嵌入图像、动画、视频、声音、流媒体等。

6.1.2　聊天社交软件

随着网络技术的发展，网络通信社交工具也越来越丰富，常用的沟通交流软件有微信、QQ、微博等。

1. 微信

微信（WeChat）是腾讯公司于 2011 年 1 月 21 日推出的一个为智能终端提供即时通讯服务的免费应用程序。微信支持跨通信运营商、跨操作系统平台通过网络快速发送免费（需消耗少量网络流量）语音短信、视频、图片和文字，同时也可以使用共享流媒体内容的资料和基于位置的社交插件"摇一摇""漂流瓶""朋友圈""公众平台""语音记事本"等。

2. QQ

QQ 是腾讯公司开发的一款基于 Internet 的即时通信（IM）软件。目前 QQ 已经覆盖 Microsoft Windows、OSX、Android、iOS 等多种主流平台。其标志是一只戴着红色围巾的小企鹅形象。

腾讯 QQ 支持在线聊天、视频通话、点对点断点续传文件、共享文件、网络硬盘、自定义面板、QQ 邮箱等多种功能，并可与多种通讯终端相连。

3. 新浪微博

微博是一个由新浪网推出，提供微型博客服务的社交网站。用户可以通过网页、WAP页面、手机客户端、手机短信、彩信发布消息或上传图片。用户可以把微博理解为"微型博客"或者"一句话博客"。用户可以将看到的、听到的、想到的事情写成一句话，或发一张图片，通过电脑或者手机随时随地分享给朋友，还可以关注朋友，即时看到朋友们发布的信息。

新浪微博补充介绍

新浪微博是一个为大众提供娱乐休闲生活服务的信息分享和交流平台。新浪微博于 2009 年 9 月 25 日正式添加了 @ 功能以及私信功能，此外还提供"评论"和"转发"功能，供用户交流。当前，新浪微博市场占有率最高，因此一般而言的"微博"均指"新浪微博"。

6.1.3　影音娱乐软件

网络将人们带进了一个更为广阔的影音娱乐世界，丰富的资源给网络增加了无穷的魅力，无论是谁，都可以在网络中找到自己喜欢的音乐、电影和网络游戏，并能充分体验高清的音频与视频带来的听觉、视觉上的享受。

1. 听音乐

在网络中，音乐也一直是热点之一，只要电脑中安装了合适的播放器，就可以播放音乐文件，图 6-2 所示为使用 QQ 音乐播放器播放音乐。

2. 看视频

自从有了网络，人们可以在线看电影、电视剧、电视节目等，不受时间与地点的限制，

图 6-3 所示为爱奇艺视频网站首页。

图　6-2

图　6-3

6.1.4　办公应用软件

电脑办公离不开文件的处理，常见的文件处理软件有 Microsoft Office、WPS、Adobe Acrobat 等。图 6-4 所示为 Microsoft Office 软件。

图　6-4

6.1.5 图像处理软件

在办公中，有时需要处理图片文件，这就需要使用图像处理工具，常用的图像处理工具包括 Adobe Photoshop、ACDSee、美图秀秀、Snagit 等。

Adobe Photoshop，简称 PS，是由 Adobe Systems 开发和发行的图像处理软件。Photoshop 主要处理以像素所构成的数字图像。使用其众多的编修与绘图工具，可以有效地进行图片编辑工作。图 6-5 所示为 Photoshop 程序。

图　6-5

Section 6.2 获取软件

手机扫描右侧二维码，观看本节视频课程：1 分 47 秒

安装软件的前提是有软件安装程序，一般是后缀为 .exe 的程序文件，安装文件的获取途径多种多样，本节将详细介绍几种常见的获取软件方法。

6.2.1 应用商店下载

Windows 10 操作系统中添加了【Microsoft Store】功能，用户可以在 Microsoft Store 中获取安装软件包，下面详细介绍从 Microsoft Store 下载软件的方法。

图　6-6

1 单击【**Microsoft Store**】动态磁贴。

❶ 在系统桌面上单击【开始】按钮。

❷ 在弹出的"开始"屏幕中单击【Microsoft Store】动态磁贴，如图 6-6 所示。

图 6-7

2 选择软件。

打开【Microsoft Store】窗口，在搜索框中输入准备下载的软件名称，在下拉提示框中单击该软件，如图 6-7 所示。

图 6-8

3 单击【获取】按钮。

进入软件下载详细界面，单击【获取】按钮，如图 6-8 所示。

图 6-9

4 等待一段时间。

可以看到软件开始下载，用户需要等待一段时间，如图 6-9 所示。

图 6-10

5 下载并安装完毕。

软件下载并安装完毕，单击【启动】按钮即可打开该软件，如图 6-10 所示。

6.2.2 官方网站下载

官方网站简称官网，是公开团体信息，并带有专用、权威性质的一种网站，从官网上下载安装软件包是最常用的方法。下面详细介绍从官方网站下载软件的方法。

图 6-11

1 单击【立即下载】按钮。

打开浏览器，打开软件的官方网站网页，单击【立即下载】按钮，如图 6-11 所示。

图 6-12

2 单击【下载】按钮。

弹出【新建下载任务】对话框，单击【下载】按钮，如图 6-12 所示。

图 6-13

3 等待一段时间。

弹出【下载】窗口，可以看到软件的下载进度，用户需要等待一段时间，如图 6-13 所示。

图 6-14

4 单击【文件夹】按钮。

软件已经下载完成，单击【文件夹】按钮，如图 6-14 所示。

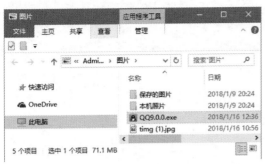

图 6-15

5 查看软件的安装包。

打开软件下载到的文件夹，在其中可以查看软件的安装包，如图 6-15 所示。

6.2.3 通过电脑管理软件下载

使用电脑管理软件或者自带的软件管理工具也可以下载和安装软件，比如常用的 360 安全卫士、电脑管家等，图 6-16 所示为使用 360 安全卫士下载软件。

图 6-16

电脑管理软件的其他作用

通过电脑管理软件不仅可以下载并安装软件，还可以卸载已经安装的软件，同时还可以在其中设置是否允许该软件成为开机启动项，当软件有了新版本时，用户也可以直接在电脑管理软件中升级该软件。

Section 6.3 安装与升级软件

手机扫描右侧二维码，观看本节视频课程：1 分 36 秒

一般情况下，软件的安装过程基本相同，大致分为运行主程序、接受许可协议、选择安装路径和进行安装等几个步骤。软件不是一成不变的，而是一直处于升级和更新状态，本节将介绍软件的安装和更新知识。

6.3.1 安装软件

下载软件后，即可以将该软件安装到电脑中了，这里以安装腾讯 QQ 为例介绍安装软件的一般步骤。

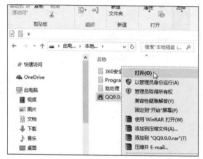

图 6-17

1 选择【打开】菜单项。

打开软件所在的文件夹，鼠标右键单击该软件安装文件，在弹出的快捷菜单中选择【打开】菜单项，如图 6-17 所示。

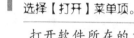

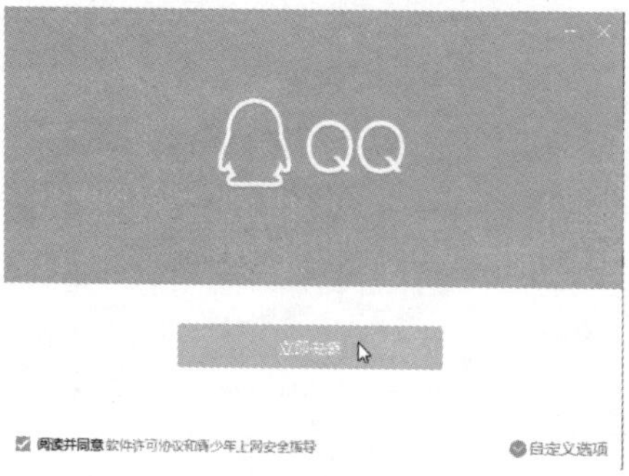

图 6-18

2 单击【立即安装】按钮。

弹出【QQ 安装】界面，单击【立即安装】按钮，如图 6-18 所示。

图 6-19

3 等待一段时间。

进入【安装】界面，可以看到软件的安装进度，用户需要等待一段时间，如图 6-19 所示。

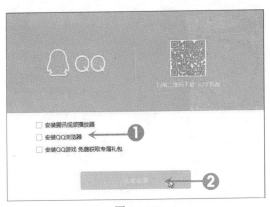

图　6-20

图　6-21

4 设置安装选项。

❶ 安装完成后进入【完成安装】窗口，根据需要勾选复选框。
❷ 单击【完成安装】按钮，如图6-20 所示。

5 完成安装软件的操作。

　打开软件的登录界面，通过以上步骤即完成安装软件的操作，如图 6-21 所示。

6.3.2　自动检测升级

　软件的更新是指软件版本的更新，这里以 360 安全卫士为例介绍自动检测并升级更新的操作方法。

图　6-22

图　6-23

1 选择【程序升级】菜单项。

❶ 在系统桌面上右键单击右下角的"360 安全卫士"图标，在弹出的菜单中选择【升级】菜单项。
❷ 在弹出的子菜单中选择【程序升级】菜单项，如图 6-22 所示。

2 单击【确定】按钮。

　弹出【发现新版本】对话框，单击【确定】按钮，如图 6-23 所示。

图 6-24

图 6-25

3 等待一段时间。

弹出【正在下载新版本】对话框，可以看到软件的下载进度，用户需要等待一段时间，如图6-24所示。

4 完成软件升级更新操作。

下载完成后软件自动进行安装，可以查看安装进度，安装进度为100%后即完成360安全卫士的软件升级更新操作，如图6-25所示。

6.3.3 使用第三方软件升级

用户可以通过第三方软件进行升级，例如360软件管家、QQ电脑管家等。下面以360软件管家为例简单介绍如何利用第三方软件进行升级。

打开360软件管家界面，选择【软件升级】选项卡，在界面中即显示可以升级的软件，单击【一键升级】按钮即可完成升级操作，如图6-26所示。

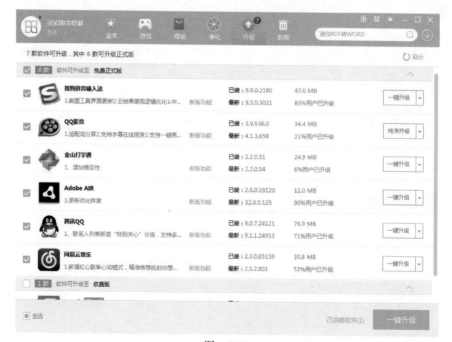

图 6-26

卸载软件

手机扫描右侧二维码，观看本节视频课程：1 分 48 秒

当安装的软件不再需要时，用户可以将其卸载以便腾出更多的空间。在 Windows 10 操作系统中，用户可以通过【所有应用】列表、【程序和功能】窗口以及"开始"屏幕等卸载软件。

6.4.1　在【所有应用】列表中卸载软件

当软件安装完成后，会自动添加在【所有应用】列表中，如果需要卸载软件，可以在【所有应用】列表中查找是否有自带的卸载程序，下面以卸载搜狐视频为例介绍使用【所有应用】列表卸载程序的方法。

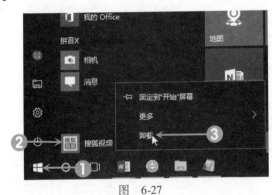

图　6-27

1 选择【卸载】菜单项。

❶ 在系统桌面上单击【开始】按钮。

❷ 在弹出的开始菜单中的【所有应用】列表中鼠标右键单击搜狐视频程序。

❸ 在弹出的快捷菜单中选择【卸载】菜单项，如图 6-27 所示。

图　6-28

2 单击【卸载】按钮。

弹出【将卸载此应用及其相关信息】界面，单击【卸载】按钮即可，如图 6-28 所示。

6.4.2　在【程序和功能】中卸载软件

除了使用【所有应用】列表卸载程序之外，用户还可以在【程序和功能】中卸载软件，下面以卸载酷我音乐为例介绍在【程序和功能】中卸载软件的操作方法。

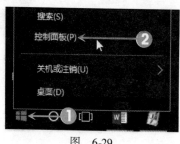

图　6-29

图　6-30

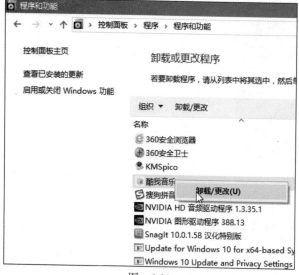

图　6-31

1 打开【控制面板】。

❶ 在系统桌面上鼠标右键单击【开始】按钮。

❷ 在弹出的快捷菜单中选择【控制面板】菜单项，如图 6-29 所示。

2 单击【卸载程序】链接项。

❶ 弹出【控制面板】窗口，在【查看方式】列表中选择【类别】选项。

❷ 单击【程序】区域中的【卸载程序】链接项，如图 6-30 所示。

3 选择【卸载/更改】菜单项。

弹出【程序和功能】窗口，鼠标右键单击【酷我音乐】程序，在弹出的快捷菜单中选择【卸载/更改】菜单项，如图 6-31 所示。

图 6-32

4 单击【我要卸载】链接。

弹出【酷我音乐卸载】窗口，单击【我要卸载】链接，如图 6-32 所示。

图 6-33

5 单击【彻底卸载】按钮。

❶进入【下列哪个问题最困扰您】界面，选择【不想用了】选项。
❷单击【彻底卸载】按钮，如图 6-33 所示。

图 6-34

6 单击【卸载】按钮。

进入【将从您的计算机卸载酷我音乐，单击［卸载］开始】界面，单击【卸载】按钮，如图 6-34 所示。

图 6-35

7 等待一段时间。

开始卸载程序，界面显示卸载进度，用户需要等待一段时间，如图 6-35 所示。

图 6-36

8 单击【完成】按钮。

单击【完成】按钮即可完成在【程序和功能】中卸载软件的操作，如图6-36所示。

6.4.3 在【开始】屏幕中卸载软件

用户还可以在"开始"屏幕中卸载应用，下面以卸载福昕阅读器为例介绍在"开始"屏幕中卸载应用的操作方法。

图 6-37

1 选择【卸载】菜单项。

❶ 单击【开始】按钮。

❷ 在弹出的"开始"屏幕中鼠标右键单击【福昕阅读器】磁贴。

❸ 在弹出的菜单中选择【卸载】菜单项，如图6-37所示。

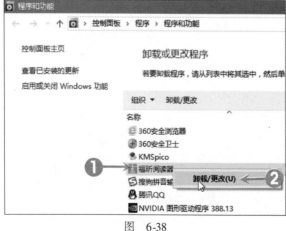

图 6-38

2 选择【卸载/更改】菜单项。

❶ 弹出【程序和功能】窗口，鼠标右键单击【福昕阅读器】程序。

❷ 在弹出的快捷菜单中选择【卸载/更改】菜单项，如图6-38所示。

图　6-39

3 单击【狠心抛弃】按钮。

弹出【福昕阅读器卸载】界面，单击【狠心抛弃】按钮，如图 6-39 所示。

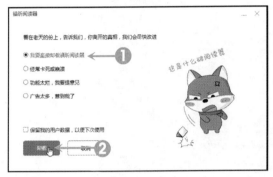

图　6-40

4 选择直接卸载福昕阅读器，单击【卸载】按钮。

❶ 进入下一界面，选择【我要直接卸载福昕阅读器】单选按钮。

❷ 单击【卸载】按钮，如图 6-40 所示。

图　6-41

5 等待一段时间。

开始卸载程序，界面显示卸载进度，用户需要等待一段时间，如图 6-41 所示。

图　6-42

6 卸载完成后自动跳转到程序官网。

卸载完成后自动跳转到程序官网，通过以上步骤即可完成在"开始"屏幕中卸载应用的操作，如图 6-42 所示。

Section **6.5** **查找安装的软件**

手机扫描右侧二维码，观看本节视频课程：0分48秒

用户可借助软件来完成各项工作。软件安装完毕后，用户可以在电脑中查找已经安装的软件，包括通过所有程序列表查找软件、按照程序首字母查找软件和按照数字查找软件等。

6.5.1 查看【所有应用】列表

在 Windows 10 操作系统中，用户可以很简单地查看【所有应用】列表，单击【开始】按钮，在打开的【开始】菜单中即可查看【所有应用】列表，如图 6-43 所示。

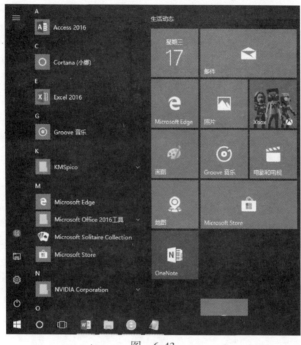

图 6-43

6.5.2 按照首字母查找软件

如果知道程序的首字母，用户还可以利用首字母来查找软件，下面详细介绍按照程序首字母查找软件的方法。

图 6-44

1 在【开始】菜单中单击任意字母。

❶ 在系统桌面上单击【开始】按钮。

❷ 在弹出的【开始】菜单中单击任意字母，如图 6-44 所示。

图　6-45

图　6-46

2 单击程序首字母 W。

进入按首字母搜索程序界面，单击程序首字母 W，如图 6-45 所示。

3 查看软件。

返回到程序列表中，可以看到首先显示的就是以 W 开头的程序列表，通过以上步骤即可完成按照程序首字母查找软件的操作，如图 6-46 所示。

Section 6.6 实践案例与上机指导

手机扫描右侧二维码，观看本节视频课程：1 分 20 秒

本章学习了常用软件的相关知识，在本节中，将结合实际工作应用，通过上机练习，对本章所学知识点进一步巩固和掌握。

6.6.1 安装更多字体

下面将结合实践应用，上机练习管理软件的具体操作。通过本节练习，读者可以进一步对软件的操作有更深入的了解。

如果想在电脑里输入一些特殊的字体，如草书、毛体、广告字体、艺术字体等，则需要用户自行安装字体，下面详细介绍安装更多字体的操作方法。

图　6-47

1 选择【安装】菜单项。

鼠标右键单击准备安装的字体，在弹出的快捷菜单中选择【安装】菜单项，如图 6-47 所示。

图 6-48

2 等待一段时间。

弹出【正在安装字体】对话框，显示安装进度，用户需要等待一段时间，如图 6-48 所示。

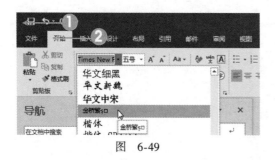

图 6-49

3 查看到刚刚安装的字体。

安装完毕后启动 Word，在【开始】选项卡下的【字体】组中单击【字体】下拉按钮，在弹出的字体列表中即可查看到刚刚安装的字体，如图 6-49 所示。

6.6.2 设置默认打开程序

用户可以将一些常用软件设置为默认打开程序，下面详细介绍设置默认打开程序的方法。

图 6-50

1 打开【控制面板】。

鼠标右键单击【开始】按钮，在弹出的快捷菜单中选择【控制面板】菜单项，如图 6-50 所示。

图 6-51

2 单击【默认程序】链接项。

❶ 弹出【控制面板】窗口，在【查看方式】列表中选择【大图标】选项。

❷ 单击【默认程序】链接项，如图 6-51 所示。

图 6-52

图 6-53

3 单击【设置默认程序】链接项。

打开【默认程序】窗口，单击【设置默认程序】链接项，如图 6-52 所示。

4 设置默认程序，单击【确定】按钮。

❶ 进入【设置默认程序】窗口，在左侧列表框中选中需要设置为默认程序的应用。

❷ 选择【将此程序设置为默认值】选项。

❸ 单击【确定】按钮，即完成操作，如图 6-53 所示。

电脑打字一学就会

本章内容导读

　　本章主要介绍了汉字输入、输入法管理和拼音输入法方面的知识，还讲解了五笔字型输入法、陌生字的输入方法和简繁切换的方法。

本章知识要点

(1) 汉字输入基础知识
(2) 管理输入法
(3) 使用拼音输入法
(4) 使用五笔字型输入法

汉字输入基础知识

手机扫描右侧二维码，观看本节视频课程：3 分 10 秒

汉字输入法是指为了将汉字输入到电脑等电子设备而采用的一种编码方法，是输入信息的一种重要技术。使用电脑打字，首先需要了解电脑打字的相关基础知识，如语言栏、常见的输入法、半角、全角等。

7.1.1 汉字输入法的分类

根据键盘输入的类型，可将汉字输入法分成音码、形码和音形码三种。

1. 音码

使用音码这类输入法时，读者只要会拼写汉语拼音就可以进行汉字方面的录入工作。这种输入法比较符合人的思维模式，非常适用于电脑初学者学习操作。

目前常见的音码类型输入法种类有很多，下面简单介绍几种常见的音码输入法，用户可以根据需要选择使用。

> 微软拼音输入法：是一种智能型的拼音输入法。使用者可以连续输入整句话的拼音，不必人工分词和挑选候选词组，大大提高了输入文字的效率。

> 搜狗拼音输入法：一种主流的拼音输入法，支持自动更新网络新词，拥有整合符号，对提高用户输入文字的准确性和输入速度有明显帮助。

> 紫光拼音输入法：是一种功能十分强大的输入法。具有智能组词、精选大容量词库和个性界面等特色。

音码也有自身的缺点，在使用音码输入汉字对使用者拼写汉语拼音的能力有较高的要求。同音字重码率高，输入效率低。在遇到不认识的字或生僻字时，难以快速输入。

随着科学技术的发展与进步，新的拼音输入法在智能组词、兼容性等方面都得到了很大提升。

2. 形码

形码是一种先将汉字的笔画和部首进行字根分解，然后再根据这些基本编码组合成汉字的输入方法。其优点是不受汉字拼音的影响，所以熟练掌握形码输入的技巧，输入汉字的效率远胜于音码输入法的效率。

下面简单介绍形码的几种常用类型。

> 五笔字型：这种输入法的主要优点包括输入键码短、输入速度快等。一个字或一个词组最多只有四个码，大大节省了输入的时间。

> 表形码：这种输入方法是按照汉字的书写顺序用部件来进行编码。表形码的代码与汉字的字形或字音有关联，所以形象直观，比其他的形码更容易掌握。

用户在输入汉字时可以使用自己惯用的五笔字型输入法，下面简单介绍几种形码常用的五笔字型输入法。

> 王码五笔字型输入法：共有 86 版和 98 版两个版本。98 版王码五笔字型输入法跟 86 版王码五笔字型输入法相比较，码元分布更加合理，也更便于记忆。

> 智能五笔字型输入法：是我国第一套支持全部国际扩展汉字库（GBK）汉字编码的

五笔输入法，具有支持繁体汉字的输入、智能选词和语句提示等功能还内含丰富的词库。

3. 音形码

音形码输入法的特点是输入方法不局限音码或形码一种形式，而是将多个汉字输入系统的优点有机结合起来，使一种输入法可以包含多种输入法。

使用音形码输入汉字，可以提高打字的速度和准确度，下面简单介绍一下音形码的几种常用类型。

➤ 自然码：具有高效的双拼输入、特有识别码技术、兼容其他输入法等特点。并且支持全拼、简拼和双拼等输入方式。

➤ 郑码：以单字输入为基础，词语输入为主导。用 2-4 个英文字母便能输入两字词组、多字词组和 30 个字以内的短语。

7.1.2　选择与切换汉字输入法

如果安装了多个输入法，用户可以在输入法之间进行切换。切换输入法的方法很简单，下面介绍切换方法。

图　7-1

图　7-2

1 选择要切换的输入法。

❶ 在 Windows 10 系统桌面上，单击状态栏中输入法图标（此时默认的输入法为搜狗拼音输入法）。

❷ 弹出输入法列表，选择并单击要切换的输入法，如【中文（简体）微软拼音】选项，如图 7-1 所示。

2 输入法已经更改为微软拼音输入法。

可以看到目前的输入法已经更改为微软拼音输入法，通过以上步骤即可完成切换输入法的操作，如图 7-2 所示。

切换输入法的快捷键

除了单击状态栏中的输入法图标进行输入法的切换之外，用户还可以使用快捷键来进行输入法的切换，默认的快捷键是【Ctrl + Shift】组合键，用户也可以执行【控制面板】→【语言】→【高级设置】→【切换输入法】命令进行自定义快捷键的操作。

7.1.3 认识汉字输入法状态栏

语言栏是指电脑右下角的输入法，其主要作用用来进行输入法切换。当用户需要在Windows 中进行文字输入的时候，就需要用到语言栏了，因为 Windows 的默认输入语言是英文，在这种情况下，用键盘输入的文字是英文字母，如果需要输入中文文字，则需要语言栏的帮助。

图 7-3 和图 7-4 所示为 Windows 10 操作系统中的语言栏，单击语言栏上的【CH】按钮，可以进行中文与英文输入方式的切换，单击【M】按钮，可以进行中文输入法的切换。

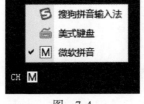

图 7-3　　　　　　　　　　　图 7-4

7.1.4 常用的打字练习软件

金山打字是目前比较常用的一款打字练习软件，如图 7-5 所示。金山打字是一款教育软件，主要由金山打字通和金山打字游戏两部分构成，金山打字通针对用户水平定制个性化的练习课程，循序渐进。

图 7-5

金山打字通是专门为初学者开发的一款软件。针对用户水平定制个性化的练习课程，每种输入法均从易到难提供单词（音节、字根）、词汇以及文章循序渐进练习，并且辅以打字游戏。

该款软件适用于打字教学、电脑入门、职业培训、汉语言培训等多种使用场景。

7.1.5　半角和全角

半角和全角的区别在于除汉字以外的其他字符（比如标点符号、字母、数字等）占用位置的大小。在计算机屏幕上，一个汉字要占两个英文字符的位置，人们把一个英文字符所占的位置称为"半角"，把一个汉字所占的位置称为"全角"。

在搜狗状态栏中单击【全/半角】按钮，即可在全半角之间进行切换，如图 7-6 和图 7-7 所示。

图 7-6　全角状态　　　　　　　　　　图 7-7　半角状态

7.1.6　中文标点和英文标点

在搜狗状态栏中单击【中/英文标点】按钮中，或者按下【Shift + .】组合键即可在中英文标点之间进行切换，如图 7-8 和图 7-9 所示。

图 7-8　中文输入状态　　　　　　　　图 7-9　英文输入状态

Section 7.2　管理输入法

手机扫描右侧二维码，观看本节视频课程：2 分 04 秒

如果准备在电脑中输入汉字，则首先需要对系统输入法进行设置，如添加输入法、删除输入法、安装输入法和设置默认输入法等。本节将介绍在 Windows 10 系统中管理系统输入法的知识。

7.2.1　添加和删除输入法

汉字输入的编码方法基本上都是将音、形与特定的键相联系，再根据不同汉字进行组合来完成汉字的输入。安装输入法后，用户可以将安装的输入法添加至输入法列表，还可以将不需要的输入法删除。

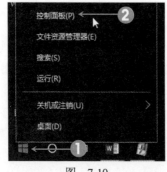

图　7-10

1 打开【控制面板】。

❶ 鼠标右键单击【开始】按钮。

❷ 在弹出的快捷菜单中选择【控制面板】菜单项，如图 7-10 所示。

图　7-11

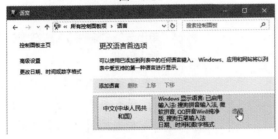

图　7-12

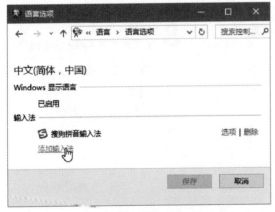

图　7-13

图　7-14

2 单击【语言】链接项。

❶ 弹出【控制面板】窗口，在【查看方式】列表中选择【大图标】选项。

❷ 单击【语言】链接项，如图7-11所示。

3 单击【选项】链接项。

弹出【语言】窗口，单击【选项】链接项，如图7-12所示。

4 单击【添加输入法】链接项。

弹出【语言选项】窗口，单击【输入法】区域中的【添加输入法】链接项，如图7-13所示。

5 选择【微软五笔】选项，单击【添加】按钮。

❶ 进入【输入法】窗口，选择【微软五笔】选项。

❷ 单击【添加】按钮，如图7-14所示。

图 7-15

图 7-16

图 7-17

6 完成添加汉字输入法的操作。

返回【语言选项】窗口，在【输入法】列表框中即可看到选择的输入法，单击【保存】按钮即可完成添加汉字输入法的操作，如图 7-15 所示。

7 单击准备删除的输入法右侧的【删除】按钮。

在【语言选项】窗口的【输入法】列表框中单击准备删除的输入法右侧的【删除】按钮，如图 7-16 所示。

8 完成删除汉字输入法的操作。

可以看到输入法已经被删除，单击【保存】按钮即可完成删除汉字输入法的操作，如图 7-17 所示。

7.2.2 安装其他输入法

Windows 10 操作系统虽然自带了一些输入法，但不一定能满足用户的需求，用户可以自己安装其他的输入法，下面以安装百度输入法为例介绍安装其他输入法的操作方法。

图 7-18

1 单击【立即安装】按钮。

双击下载的安装文件，即可启动百度输入法安装向导，单击【立即安装】按钮，如图 7-18 所示。

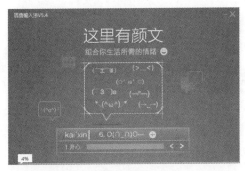

图 7-19

2 等待一段时间。

开始安装，用户可以查看安装进度，需要等待一段时间，如图 7-19 所示。

图 7-20

3 完成安装。

完成安装，单击【立即体验】按钮即可完成安装其他输入法的操作，如图 7-20 所示。

7.2.3 设置默认输入法

如果想在系统启动时自动切换到某一种输入法，可以将其设置为默认输入法，下面详细介绍设置默认输入法的操作方法。

图 7-21

1 选择【控制面板】菜单项。

❶ 鼠标右键单击【开始】按钮。

❷ 在弹出的快捷菜单中选择【控制面板】菜单项，如图 7-21 所示。

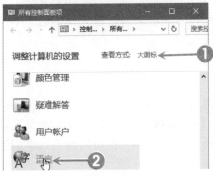

图 7-22

2 单击【语言】链接项。

❶ 弹出【控制面板】窗口，在【查看方式】列表中选择【大图标】选项。

❷ 单击【语言】链接项，如图 7-22 所示。

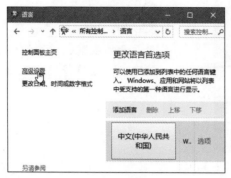

图 7-23

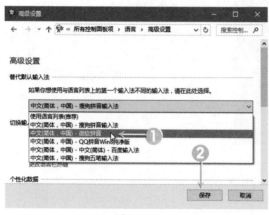

图 7-24

3 单击【高级设置】链接项。

弹出【语言】窗口，单击【高级设置】链接项，如图 7-23 所示。

4 选择要设置的默认输入法，单击【保存】按钮。

❶ 弹出【高级设置】窗口，在【替代默认输入法】区域单击下拉按钮，在弹出的下拉列表中选择要设置的默认输入法。

❷ 单击【保存】按钮即可完成设置默认输入法的操作，如图 7-24。

【高级设置】窗口的其他功能

在【高级设置】窗口中，用户可以为每个应用窗口设置不同的输入法，还可以更改语言栏的热键，还可以设置在切换输入法时使用桌面语言栏，或设置是否使用自动学习等内容。

Section 7.3 使用拼音输入法

手机扫描右侧二维码，观看本节视频课程：3 分 22 秒

拼音输入法是一种常见的输入方法，是按照拼音规则来进行输入汉字的，不需要特殊记忆，符合人的思维习惯，只要会拼音就可以输入汉字。

7.3.1 使用全拼输入

全拼是汉语拼音输入法的一种编码方案。通过全拼输入汉字时需要输入汉字的全部拼音（包含声母和韵母，通常不包括音调），击键次数比双拼、简拼多，因此输入效率较低，主要是电脑初学者使用。使用全拼输入法既可以输入单个汉字，也可以输入双字词汇。下面详细介绍使用搜狗拼音输入法全拼输入词组的方法。

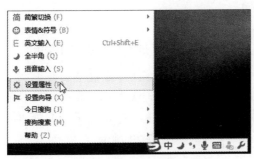

图 7-25

1 选择【设置属性】菜单项。

鼠标右键单击搜狗拼音输入法的状态栏，在弹出的快捷菜单中选择【设置属性】菜单项，如图 7-25 所示。

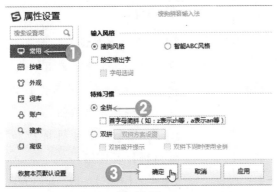

图 7-26

2 选择【全拼】单选按钮。

❶ 弹出【属性设置】对话框，在左侧列表中选择【常用】选项。

❷ 在右侧【特殊习惯】组中选择【全拼】单选按钮。

❸ 单击【确定】按钮，如图 7-26 所示。

图 7-27

3 输入"计算机"的汉语拼音全拼"jisuanji"。

打开电脑中的【记事本】程序，切换至搜狗拼音输入法，在键盘上按下"计算机"的汉语拼音全拼"jisuanji"，如图 7-27 所示。

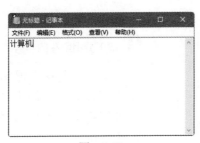

图 7-28

4 按下词组所在的序号"1"。

在键盘上按下词组所在的序号"1"，通过以上步骤即可完成使用全拼输入汉字的操作，如图 7-28 所示。

7.3.2 使用简拼输入

首字母输入法又称为简拼输入法，只需要输入汉字全拼中的第 1 个字母即可，下面详细介绍使用搜狗拼音输入法简拼输入词组的方法。

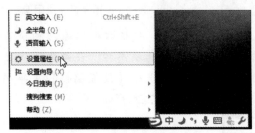

图 7-29

图 7-30

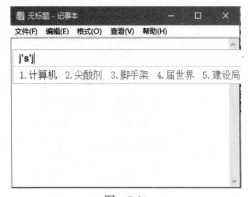

图 7-31

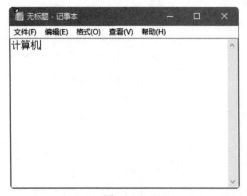

图 7-32

1 选择【设置属性】菜单项。

鼠标右键单击搜狗拼音输入法的状态栏，在弹出的快捷菜单中选择【设置属性】菜单项，如图 7-29 所示。

2 设置属性。

❶ 弹出【属性设置】对话框，在左侧列表中选择【常用】选项。

❷ 单在右侧【特殊习惯】组中选择【全拼】单选按钮。

❸ 勾选【首字母简拼】和【超级简拼】复选框。

❹ 单击【确定】按钮，如图 7-30 所示。

3 按下"计算机"的汉语拼音简拼"jsj"。

打开电脑中的【记事本】程序，切换至搜狗拼音输入法，在键盘上按下"计算机"的汉语拼音简拼"jsj"，如图 7-31 所示。

4 按下词组所在的序号"1"。

在键盘上按下词组所在的序号"1"，通过以上步骤即可完成使用简拼输入汉字的操作，如图7-32 所示。

7.3.3 使用双拼输入

双拼输入是建立在全拼基础上的一种改进输入，通过将汉语拼音中每个含多个字母的声母或韵母各自映射到某个按键上，使得每个音都可以用最多两次按键打出，这种对应表成为双拼方案，目前的流行拼音输入法都支持双拼输入，图 7-33 所示为搜狗拼音输入法的双拼设置界面，选中【双拼方案设置】单选按钮，可以对双拼方案进行设置。

图 7-33

现在拼音输入以词组输入甚至短句输入为主，双拼的效率低于全拼和简拼综合在一起的混拼输入，双拼多用于低配置的且按键不太完备的手机、电子字典等。

品和简拼混用的优点

简拼的候选词过多，而双拼需要输入的字符较多，开启双拼模式后，可以采用简拼和全拼混用的模式，这样能够兼顾最少输入字母和输入效率。

7.3.4 中英文混合输入

在平时写邮件、发送消息时经常会需要输入一些英文字符，搜狗拼音自带了中英文混合输入功能，便于用户快速在中文输入状态下输入英文。

图 7-34

图 7-35

1 输入"woyaoquparty"。

打开电脑中的【记事本】程序，使用搜狗拼音输入法在键盘上输入"woyaoquparty"，如图 7-34 所示。

2 按下数字键"1"。

按下数字键"1"即可输入"我要去 party"，如图 7-35 所示。

7.3.5 拆字辅助码的输入

使用搜狗拼音的拆字辅助码可以快速定位到一个字，在候选字较多且要输入的汉字比较靠后时可使用这种方法，下面详细介绍使用拆字辅助码输入"娴"的具体方法。

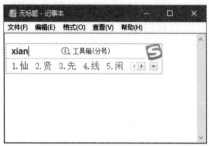

图 7-36

1 输入"xian"。

打开电脑中的【记事本】程序，使用搜狗拼音输入法在键盘上输入"xian"，此时候选项中未显示"娴"字，如图7-36所示。

图 7-37

2 按【Tab】键，输入"女"和"闲"的首字母n、x。

按【Tab】键，再输入"娴"字的两部分"女"和"闲"的首字母n、x，就可以看到"娴"字了，如图7-37所示。

图 7-38

3 按下空格键。

按下空格键即可完成输入"娴"字的操作，如图7-38所示。

7.3.6 快速插入当前日期时间

使用搜狗拼音输入法可以快速插入当前的日期时间，下面详细介绍快速插入当前日期时间的操作方法。

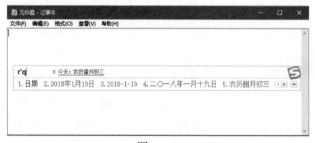

图 7-39

1 输入"日期"的简拼"rq"。

打开电脑中的【记事本】程序，使用搜狗拼音输入法在键盘上输入"日期"的简拼"rq"，即可在候选字中看到当前日期，如图7-39所示。

图 7-40

图 7-41

图 7-42

2 按下当前日期所在数字键"2"。

按下当前日期所在数字键"2"，完成输入日期的操作，如图7-40所示。

3 输入"时间"的简拼"sj"。

使用相同方法，输入"时间"的简拼"sj"，即可在候选字中看到当前时间，如图7-41所示。

4 按下当前时间所在数字键"2"。

按下当前时间所在数字键"2"，完成输入时间的操作，如图7-42所示。

Section 7.4 使用五笔字型输入法

手机扫描右侧二维码，观看本节视频课程：4分18秒

五笔字型是一种高效率的汉字输入法，是一种只使用25个字母键，以汉字的笔画、字根为单位，向电脑输入汉字的方法。这一输入法是在世界上占主导地位、应用最广的汉字键盘输入法。

7.4.1 五笔字型输入法基础

根据汉字的字形特点，五笔字型输入法把汉字分为3个层次，分别为笔画、字根和单字。笔画是汉字最基本的组成单位，字根是五笔输入法中组成汉字最基本的元素。

➢ 笔画：是指书写汉字时，不间断并一次写成的一个线条，如"一""丨""丿"和"乙"等。

➢ 字根：是指由笔画与笔画单独或经过交叉连接形成的，结构相对不变的，类似于偏旁部首的结构，如"丰""ナ""川""勹""米""丬"和"豕"等。

➢ 单字：是指由字根按一定的位置关系拼装组合成的汉字，如"话""美""鱼""浏""媚"和"蓝"等。

如果只考虑笔画的运笔方向，不考虑其轻重长短，笔画可分为5种类型，分别为横、竖、撇、捺和折。横、竖、撇和捺是单方向的笔画，折笔画代表一切带折拐弯的笔画。

在五笔字型输入法中，为了便于记忆和排序，分别以 1、2、3、4 和 5 作为 5 种单笔画的代号，如表7-1 所示。

表 7-1　汉字的 5 种笔画

名　称	代码	笔画走向	笔画及变形	说　明
横	1	左→右	一、╱	"提"视为"横"
竖	2	上→下	丨、亅	"左竖钩"视为"竖"
撇	3	右上→左下	丿	水平调整
捺	4	左上→右下	丶	"点"视为"捺"
折	5	带转折	乙、乚、乛、乀、乁	除"左竖钩"外所有带折的笔画

在对汉字进行分类时，根据汉字字根间的位置关系，可以将汉字分为 3 种字形，分别为左右型、上下型和杂合型。在五笔字型输入法中，根据 3 种字形各自拥有的汉字数量，分别用代码 1、2 和 3 来表示，如表7-2 所示。

表 7-2　汉字的 3 种字形结构

字形	代码	说　明	结　构	图示	字　例
左右型	1	整字分成左右两部分或左中右三部分，并列排列，字根之间有较明显的距离，每部分可由一个或多个字根组成	双合字	⊟	组、源、扩
			三合字	⊞	侧、浏、例
			三合字	⊞	佐、流、借
			三合字	⊞	部、数、封
上下型	2	整字分成上下两部分或上中下三部分，上下排列，它们之间有较明显的间隙，每部分可由一个或多个字根组成	双合字	⊟	分、字、肖
			三合字	⊟	莫、衷、意
			三合字	⊞	想、华、型
			三合字	⊞	磊、蔓、荡
杂合型	3	整字的每个部分之间没有明显的结构位置关系，不能明显分为左右或上下关系，如汉字结构中的独体字、全包围和半包围结构，字根之间虽有间距，但总体呈一体	单体字	□	乙、目、口
			全包围	回	回、困、因
			半包围	冂	同、风、冈

另外，在五笔字型输入法中，汉字字型结构的判定需要遵守几条约定，下面详细介绍判断汉字字型结构的相关知识。

➤ 凡是单笔画与一个基本字根相连的汉字，被视为杂合型，如汉字【干】【天】【自】【夭】【千】【久】和【乡】等。

➤ 基本字根和孤立的点组成的汉字，被视为杂合型，如汉字【太】【勺】【主】【斗】【下】【术】和【叉】等。

➤ 包含两个字根，并且两个字根相交的汉字，被视为杂合型，如汉字【无】【本】【甩】【丈】和【电】等。

➤ 包含有字根【走】【辶】和【廴】的汉字，被视为杂合型，如汉字【赶】【逃】【建】【过】【延】和【趣】等。

7.4.2 五笔字根在键盘上的分布

在五笔字型输入法中，字根按照起始笔画，分布在主键盘区的【A】~【Y】键共 25 个字母键中（【Z】键为学习键，不定义字根），每个字母键都有唯一的区位号，如图 7-43 所示。

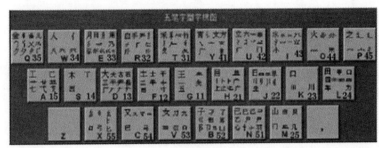

图 7-43

1. 横区（一区）

横是运笔方向从左到右和从左下到右上的笔画，在五笔字型中，"提（↗）"包括在横内。横区在键盘分区中又称为一区，包括 G、F、D、S、A 这 5 个按键，分布着以"横（一）"起笔的字根，如图 7-44 所示。

2. 竖区（二区）

竖是运笔方向从上到下的笔画，在竖区内，把"竖左钩（亅）"同样视为竖。竖区在键盘分区中又称为二区，包括 H、J、K、L、M 这 5 个按键，分布着以"竖（丨）"起笔的字根，如图 7-45 所示。

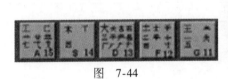

图 7-44   图 7-45

3. 撇区（三区）

撇是运笔方向从右上到左下的笔画，另外，不同角度的撇也同样视为在撇区内。撇区在键盘分布中又称为三区，包括 T、R、E、W、Q 这 5 个按键，分布着以"撇（丿）"起笔的字根，如图 7-46 所示。

4. 捺区（四区）

捺是运笔方向从左上到右下的笔画，在捺区内把"点（丶）"也同样视为捺。捺区在键盘分区中又称为四区，包括 Y、U、I、O、P 这 5 个按键，分布着以"捺（丶）"起笔的字根，如图 7-47 所示。

5. 折区（五区）

折是朝各个方向运笔都带折的笔画（除竖左钩外），折区在键盘的分区中又称为五区，包括 N、B、V、C、X 这 5 个按键，分布着以"折（乙）"起笔的字根，如图 7-48 所示。

图 7-46

图 7-47

图 7-48

7.4.3 快速记忆五笔字根

为了便于五笔字型字根的记忆，五笔字型的创造者王永民教授编写了 25 句五笔字根助记词，每个字根键对应一句助记词，通过字根助记词可快速掌握五笔字型字根，如表 7-3 所示。

表 7-3 助记词分区记忆法

字母	字根助记词	字母	项 目 名 称
G	王旁青头戋（兼）五一	H	目具上止卜虎皮
F	土士二干十寸雨	J	日早两竖与虫依
D	大犬三羊（羊）古石厂	K	口与川，字根稀
S	木丁西	L	田甲方框四车力
A	工戈草头右框七	M	山由贝，下框几
T	禾竹一撇双人立，反文条头共三一	Y	言文方广在四一，高头一捺谁人去
R	白手看头三二斤	U	立辛两点六门扩（病）
E	月彡（衫）乃用家衣底	I	水旁兴头小倒立
W	人和八，三四里	O	火业头，四点米
Q	金（钅）勹缺点无尾鱼，犬旁留乂儿一点夕，氏无七（妻）	P	之字军盖建道底，摘礻（示）衤（衣）
N	已半巳满不出己，左框折尸心和羽	X	慈母无心弓和匕，幼无力
B	子耳了也框向上	C	又巴马，丢矢矣
V	女刀九臼山朝西		

7.4.4 汉字的拆分技巧与实例

4 个字根的汉字是指刚好可以拆分成 4 个字根的汉字。4 个字根汉字的输入方法为：第 1 个字根所在键 + 第 2 个字根所在键 + 第 3 个字根所在键 + 第 4 个字根所在键。下面举例说明 4 个字根汉字的输入方法，如表 7-4 所示。

表 7-4 4 个字根汉字的拆分方法

笔 画	第 1 个字根	第 2 个字根	第 3 个字根	第 4 个字根	编 码
屡	尸	彳	米	女	NTOV
型	一	廾	刂	土	GAJF
都	土	丿	日	阝	FTJB
热	扌	九	丶	灬	RVYO
楷	木	匕	匕	白	SXXR

超过 4 个字根的汉字是按照规定拆分之后，总数多于 4 个字根的字。超过 4 个字根汉字的输入方法为：第 1 个字根所在键 + 第 2 个字根所在键 + 第 3 个字根所在键 + 第末个字根所在键。下面举例说明超过 4 个字根汉字的输入方法，如表 7-5 所示。

表 7-5 超过 4 个字根汉字的拆分方法

汉 字	第 1 个字根	第 2 个字根	第 3 个字根	第末个字根	编 码
融	一	口	冂	虫	GKMJ
跨	口	止	大	乚	KHDN
佩	亻	几	一	丄	WMGH
煅	火	亻	三	又	OWDC

不足 4 个字根的汉字是指可以拆分成不足 4 个字根的汉字。不足 4 个字根汉字的输入方法为：第 1 个字根所在键 + 第 2 个字根所在键 + 第 3 个字根所在键 + 末笔字形识别码。下面举例说明不足 4 个字根汉字的输入方法，如表 7-6 所示。

表 7-6 不足 4 个字根汉字的拆分方法

汉 字	第 1 个字根	第 2 个字根	第 3 个字根	第末个字根	编 码
忘	亠	乙	心	U	YNNU
汉	氵	又	Y	空格	ICY
码	石	马	G	空格	DCG
者	土	丿	日	F	FTJF

7.4.5 键名汉字的输入

键名汉字是指在五笔字型字根表中，每个字根键上的第一个字根汉字。键名汉字的输入方法为连续击打 4 次键名字根所在的字母键。键名汉字共有 25 个，其编码如表 7-7 所示。

表 7-7 键名汉字的编码

汉 字	编 码	汉 字	编 码	汉 字	编 码
王	GGGG	禾	TTTT	已	NNNN
土	FFFF	白	RRRR	子	BBBB
大	DDDD	月	EEEE	女	VVVV
木	SSSS	人	WWWW	又	CCCC
工	AAAA	金	QQQQ	纟	XXXX
目	HHHH	言	YYYY	日	JJJJ
立	UUUU	口	KKKK	水	IIII
田	LLLL	火	OOOO	山	MMMM
之	PPPP				

7.4.6 简码的输入

五笔字型输入法为出现频率较高的汉字制定了简码规则，即取其编码的第一、二或三个字根进行编码，再加一个空格键进行输入，从而减少输入汉字时击键次数，提高汉字的输入速度。

1. 一级简码的输入

一级简码共有 25 个，大部分按首笔画排列在 5 个分区中，其键盘分布如图 7-49 所示。

图　7-49

一级简码全部是高频字。在五笔字型输入法中，一级简码的输入方法为：简码汉字所在的字母键 + 空格键，如表 7-8 所示。

表 7-8　一级简码的输入方法

汉　字	编　码	汉　字	编　码	汉　字	编　码
一	G	上	H	和	T
主	Y	民	N	地	F
是	J	的	R	产	U
了	B	在	D	中	K
有	E	不	I	发	V
要	S	国	L	人	W
为	O	以	C	工	A
同	M	我	Q	这	P
经	X				

2. 二级简码的输入

二级简码是指汉字的编码只有两位，二级简码共有 600 多个，掌握二级简码的输入方法，可以快速提高汉字的输入速度。二级简码的输入方法为：第 1 个字根所在键 + 第 2 个字根所在键 + 空格键。二级简码字的汇总如表 7-9 所示。

表 7-9　二级简码的输入方法

	GFDSA	HJKLM	TREWQ	YUIOP	NBVCX
G	五于天末开	下理事画现	玫珠表珍列	玉平不来	与屯妻到互
F	二寺城霜载	直进吉协南	才垢圾夫无	坟增示赤过	志地雪支
D	三夺大厅左	丰百右历面	帮原胡春克	太磁砂灰达	成顾肆友龙
S	本村枯林械	相查可楞机	格析极检构	术样档杰棕	杨李要权楷
A	七革基苛式	牙划或功贡	攻匠菜共区	芳燕东　芝	世节切芭药
H	睛睦睚盯虎	止旧占卤贞	睡睥肯具餐	眩瞳步眯瞎	卢　眼皮此
J	量时晨果虹	早昌蝇曙遇	昨蝗明蛤晚	景暗晃显晕	电最归紧昆
K	呈叶顺呆呀	中虽吕另员	呼听吸只史	嘛啼吵噗喧	叫啊哪吧哟

（续）

	GFDSA	HJKLM	TREWQ	YUIOP	NBVCX
L	车轩因困轼	四辊加男轴	力斩胃办罗	罚较　辚边	思团轨轻累
M	同财央朵曲	由则　崤册	几贩骨内风	凡赠嵶赕迪	岂邮　凤嶷
T	生行知条长	处得各务向	笔物秀答称	入科秒秋管	秘季委么第
R	后持拓打找	年提扣押抽	手白扔失换	扩拉朱搂近	所报扫反批
E	且肝须采肛	胩胆肿肋肌	用遥朋脸胸	及胶腟膦爱	甩服妥肥脂
W	全会估休代	个介保佃仙	作伯仍从你	信们偿伙	亿他分公化
Q	钱针然钉氏	外旬名甸负	儿铁角欠多	久匀乐炙锭	包凶争色
Y	主计庆订度	让刘训为高	放诉衣议义	方说就变这	记离良充率
U	闰半关亲并	站间部曾商	产瓣前闪交	六立冰普帝	决闻妆冯北
I	汪法尖洒江	小浊澡渐没	少泊肖兴光	注洋水淡学	沁池当汉涨
O	业灶类灯煤	粘烛炽烟灿	烽煌粗粉炮	米料炒炎迷	断籽娄烃糯
P	定守害宁宽	寂审宫军宙	客宾家空宛	社实宵灾之	官字安　它
N	怀导居　民	收慢避惭届	必怕　愉懈	心习悄屡忱	忆敢恨怪尼
B	卫际承阿陈	耻阳职阵出	降孤队阴隐	防联孙耽辽	也子限取陛
V	姨寻姑杂毁	叟旭如舅妯	九　奶　婚	妨嫌录灵巡	刀好妇妈姆
C	骊对参骠戏	骒台劝观	矣牟能难允	驻　驼	马邓艰双
X	线结顷　红	引旨强细纲	张绵级给约	纺弱纱继综	纪弛绿经比

3. 三级简码的输入

三级简码是指汉字中，前三个字根在整个编码体系中唯一的汉字。三级简码汉字的输入方法为：第 1 个字根所在键＋第 2 个字根所在键＋第 3 个字根所在键＋空格键。三级简码的输入由于省略第 4 个字根和末笔识别码的判定，从而节省了输入时间。

如输入三级简码汉字"耙"，在键盘上输入前三个字根【三】【小】和【巴】所在键"DIC"，然后按下空格键即可。

三级简码字和 4 码字都击键 4 次，但是实际上却大不相同。

➢ 三级简码少分析一个字根，减轻了脑力负担。

➢ 三级简码的最后一击是用拇指击打空格键，这样其他手指可自由变位，有利于迅速投入下一次击键。

7.4.7　词组的输入

在五笔字型输入法中，所有词组的编码都为等长的 4 码，因此采用词组的方式输入汉字会比单个输入汉字的速度更快，可以快速提高汉字输入速度。

1. 输入二字词组

二字词组在汉语词汇中占有的比重比较大，掌握其输入方法可以有效提高输入速度。二字词组的输入方法为：首字的第 1 个字根＋首字的第 2 个字根＋次字的第 1 个字根＋次字的第 2 个字根，如二字词"词组"的编码为"YNXE"，其拆分方法如图 7-50 所示。

2. 输入三字词组

三字词在汉语词汇中占有的比重也很大，其输入速度约为普通汉字输入速度的 3 倍，因此可以有效提高输入速度。三字词的输入方法为：第一个汉字的第一个字根 + 第二个汉字的第一个字根 + 第三个汉字的第一个字根 + 第三个汉字的第二个字根，如三字词"科学家"的编码为"TIPE"，其拆分方法如图 7-51 所示。

图 7-50

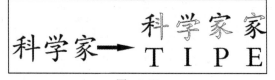

图 7-51

3. 输入四字词组

四字词在汉语词汇中也占有一定比重，其输入速度约为普通汉字输入速度的 4 倍，因此使用输入四字词的方法可以有效提高文档的输入速度。

四字词的输入方法为：第一个汉字的第一个字根 + 第二个汉字的第一个字根 + 第三个汉字的第一个字根 + 第四个汉字的第一个字根，如四字词"兄弟姐妹"的编码为"KUVV"，其拆分方法如图 7-52 所示。

4. 输入多字词组

多字词在汉语词汇中占有的比重不大，但因其编码简单，输入速度快，因此经常使用。多字词组的输入方法为：第一个汉字的第一个字根 + 第二个汉字的第一个字根 + 第三个汉字的第一个字根 + 第末个汉字的第一个字根，例如多字词语"中华人民共和国"的编码为"KWWL"，其拆分方法如图 7-53 所示。

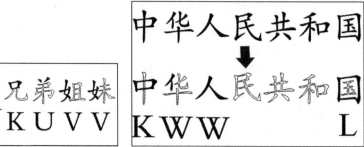

图 7-53

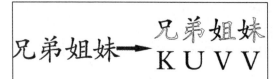

图 7-52

拆分四字词组的方法

在拆分四字词组时，词组中如果包含一级简码的独体字或键名汉字，则选取该字所在键位；如果一级简码非独体字，则按照键外字的拆分方法拆分；若包含成字字根，则按照成字字根的拆分方法拆分。

实践案例与上机指导

手机扫描右侧二维码，观看本节视频课程：1 分 30 秒

本章学习了汉字输入、输入法管理方面的知识，在本节中，将结合实际工作应用，通过上机练习，进一步巩固本章所学知识点。

7.5.1　陌生字的输入方法

下面将结合实践应用，上机练习电脑打字的具体操作。以搜狗拼音输入法为例，使用搜狗拼音输入法输入不认识的陌生汉字，下面详细介绍陌生字的输入方法。

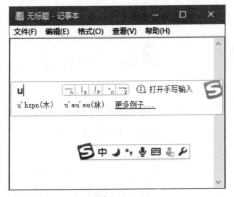

图 7-54

1 按字母【U】键，启动 U 模式。

打开电脑中的【记事本】程序，在搜狗拼音输入法状态下按字母【U】键，启动 U 模式，可以看到笔画对应的按键，如图 7-54 所示。

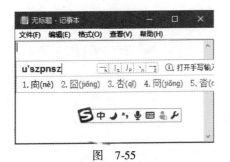

图 7-55

2 依次输入笔画"szpnsz"。

根据"囧"的笔画依次输入"szpnsz"，即可看到显示的汉字以及正确的读音，如图 7-55 所示。

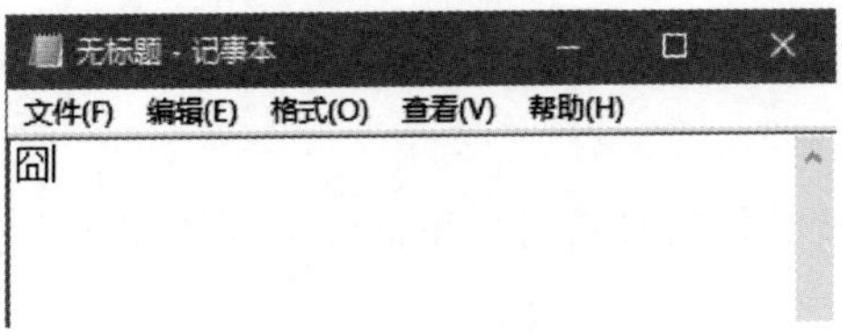

图 7-56

3 输入汉字所在的数字键"2"。

输入汉字所在的数字键"2"，通过以上步骤即可完成输入陌生汉字的操作，如图 7-56 所示。

7.5.2　简繁切换

在使用搜狗拼音输入法时，用户还可以进行简体字与繁体字的切换，下面详细介绍简繁切换的操作方法。

图 7-57

1 选择【繁体（常用）】菜单项。

鼠标右键单击搜狗拼音输入法的状态栏，在弹出的快捷菜单中选择【简繁切换】菜单项，在弹出的子菜单中选择【繁体（常用）】菜单项，如图 7-57 所示。

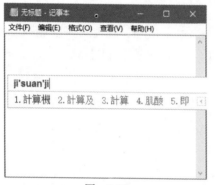

图 7-58

2 按下"计算机"的汉语拼音全拼"jisuanji"。

打开电脑中的【记事本】程序，切换至搜狗拼音输入法，在键盘上按下"计算机"的汉语拼音全拼"jisuanji"，可以看到候选字中显示的即为繁体字，如图 7-58 所示。

图 7-59

3 按下空格键输入词组。

按下空格键输入词组，通过以上步骤即可完成简繁切换的操作，如图 7-59 所示。

7.5.3 快速输入特殊符号

使用搜狗拼音输入法还可以输入表情以及其他特殊符号，下面详细介绍输入方法。

图 7-60

1 单击【特殊符号】按钮。

在搜狗拼音输入法的状态栏中单击【软键盘】按钮，在弹出的对话框中单击【特殊符号】按钮，如图 7-60 所示。

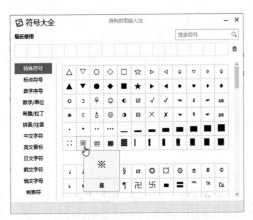

图 7-61

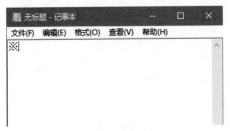

图 7-62

2 选择符号。

打开【符号大全】窗口，在其中可以选择符号（如星号），如图 7-61 所示。

3 完成快速输入特殊符号的操作。

可以看到记事本中已经输入了星号，通过以上步骤即可完成快速输入特殊符号的操作，如图 7-62 所示。

08

第8章

使用Word 2016输入与编辑文档

本章内容导读

　　本章主要介绍了文档基本操作、输入与编辑文本和设置文本字体格式方面的知识与技巧，以及调整段落格式的方法、使用文档视图查看文档和添加批注与修订的方法。

本章知识要点

(1) 文档基本操作
(2) 输入与编辑文本
(3) 设置文本字体格式
(4) 调整段落格式

文档基本操作

手机扫描右侧二维码，观看本节视频课程：1 分 26 秒

Word 2016 是 Office 2016 的一个重要组成部分，是 Microsoft 公司于 2016 年推出的一款优秀文字处理软件，主要用于完成日常办公和文字处理等操作。本节将介绍 Word 2016 的基本操作。

8.1.1 新建文档

如果想要新建文档，首先要打开 Word 2016 程序，下面详细介绍新建文档的方法。

图 8-1

1 打开【Word 2016】程序。

❶ 在系统桌面上单击【开始】按钮。

❷ 在弹出的【开始】菜单中单击【Word 2016】程序，如图 8-1 所示。

图 8-2

2 单击【空白文档】按钮。

打开 Word 2016 主界面，在模板区域中，Word 提供了多种创建的新文档类型，单击【空白文档】按钮，如图 8-2 所示。

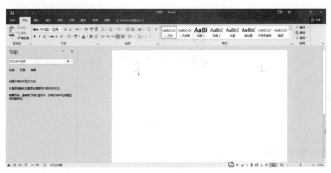

图 8-3

3 完成建立空白文档的操作。

系统自动创建一个名为"文档 1"的空白文档，通过以上步骤即可完成建立空白文档的操作，如图 8-3 所示。

创建空白文档的其他方法

除了上面介绍的方法之外，用户还可以在系统桌面上单击鼠标右键，在弹出的快捷菜单中选择【新建】菜单项，在弹出的子菜单中选择【Microsoft Word 文档】菜单项，即可创建一个名为"新建文档"的 Word 空白文档。

8.1.2 保存文档

新建文档后，用户可以将文档保存，以便之后打开进行操作，下面详细介绍保存文档的操作方法。

图 8-4

1 单击【文件】选项卡。

在新建的文档中单击【文件】选项卡，如图 8-4 所示。

图 8-5

2 选择【保存】选项，单击【浏览】按钮。

❶ 进入 Backstage 视图，在 Backstage 视图中选择【保存】选项。

❷ 自动跳转到【另存为】选项卡，单击【浏览】按钮，如图 8-5 所示。

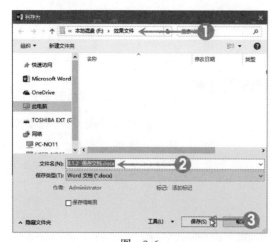

图 8-6

3 输入名称，单击【保存】按钮。

❶ 弹出【另存为】对话框，选择文档准备保存的位置。

❷ 在【文件名】文本框中输入名称。

❸ 单击【保存】按钮，如图 8-6 所示。

图　8-7

8.1.3　打开和关闭文档

要编辑以前保存过的文档，需要先在 Word 中打开该文档，编辑之后再将文档关闭，下面详细介绍打开和关闭文档的操作。

图　8-8

图　8-9

4 查看改名后的文档。

返回到文档中，可以看到在文档名称位置已经显示了刚刚保存的名称，通过以上步骤即可完成保存文档的操作，如图 8-7 所示。

1 单击【文件】选项卡。

在文档中单击【文件】选项卡，如图 8-8 所示。

2 在 **Backstage** 视图的【打开】选项区中单击【浏览】选项。

❶ 进入 Backstage 视图，在该视图中选择【打开】选项。

❷ 单击【浏览】选项，如图 8-9 所示。

图 8-10

3 选中文档，单击【打开】按钮。

1 弹出【打开】对话框，选择文档保存的位置。

2 选中文档。

3 单击【打开】按钮，如图 8-10所示。

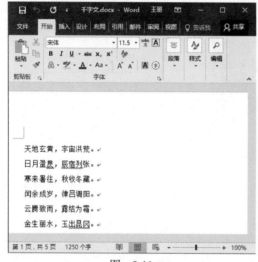

图 8-11

4 文档已经被打开。

文档已经被打开，通过以上步骤即可完成打开文档的操作，如图 8-11 所示。

图 8-12

5 单击文档右上角的【关闭】按钮。

单击文档右上角的【关闭】按钮即可关闭文档，如图 8-12所示。

Section
8.2　输入与编辑文本

手机扫描右侧二维码，观看本节视频课程：4 分 08 秒

在 Word 2016 中建立文档后，用户可以在文档中输入并编辑文本内容，从而满足工作需求。用户可以在文档中输入汉字、英文字符、数字和特殊符号等，本节将介绍输入与编辑文本的操作方法。

8.2.1　输入文本

启动 Word 2016 后，系统会自动新建一个名为"文档 1"的空白文档，在操作的过程中如果准备在新的页面进行文字的录入与编辑操作，也可以新建文档。下面详细介绍在文档中输入文本的方法。

图　8-13

1 输入"中文"。

启动 Word 2016，使用搜狗拼音输入法输入"中文"的全拼"zhongwen"，按下空格键完成输入，在键盘上按下逗号键，输入中文的逗号，如图 8-13 所示。

图　8-14

2 输入"Word 2016"。

按下【Shift】键切换至英文输入状态，按下回车键换行，输入"Word 2016"，如图 8-14 所示。

图　8-15

3 单击【日期和时间】按钮。

❶ 按下回车键换行，单击【插入】选项卡。

❷ 单击【文本】下拉按钮。

❸ 在弹出的选项中单击【日期和时间】按钮，如图 8-15 所示。

图 8-16

4 选择日期和时间格式。

❶ 弹出【日期和时间】对话框，在【可用格式】列表框中选择一种格式。

❷ 单击【确定】按钮，如图8-16所示。

图 8-17

5 文档中输入了当前的日期。

文档中输入了当前的日期，通过以上步骤即可完成输入文档的操作，如图8-17所示。

8.2.2 选择文本

在对 Word 文档中的文本进行编辑操作之前，需要选择文本。下面介绍选择文本的一些方法。

➢ 选择任意文本：将光标定位在准备选择文字的左侧或右侧，单击并拖动光标至准备选取文字的右侧或左侧，然后释放鼠标左键即可选中单个文字或某段文本。

➢ 选择一行文本：移动鼠标指针到准备选择的某一行行首的空白处，待鼠标指针变成向右箭头形状时，单击鼠标左键即可选中该行文本。

➢ 选择一段文本：将光标定位在准备选择的一段文本的任意位置，然后连续单击鼠标三次即可选中一段文本。

➢ 选择整篇文本：移动鼠标指针指向文本左侧的空白处，待鼠标指针变成向右箭头形状时，连续单击鼠标左键三次即可选择整篇文档；将光标定位在文本左侧的空白处，待鼠标指针变成向右箭头形状时，按住【Ctrl】键不放的同时，单击鼠标左键即可选中整篇文档；将光标定位在准备选择整篇文档的任意位置，按键盘上的【Ctrl + A】组合键即可选中整篇文档。

➢ 选择词：将光标定位在准备选择的词的位置，连续两次单击鼠标左键即可选择词。

➢ 选择句子：按住【Ctrl】键的同时，单击准备选择的句子的任意位置即可选择句子。

➢ 选择垂直文本：将光标定位在任意位置，然后按住【Alt】键的同时拖动鼠标指针到目标位置，即可选择某一垂直块文本。

➢ 选择分散文本：选中一段文本后，按住【Ctrl】键的同时再选定其他不连续的文本即可选定分散文本。

一些组合键可以帮助用户快速浏览到文档中的内容，下面详细介绍 Word 2016 中的组合键作用。

> 组合键【Shift +↑】：选中光标所在位置至上一行对应位置处的文本。
> 组合键【Shift +↓】：选中光标所在位置至下一行对应位置处的文本。
> 组合键【Shift +←】：选中光标所在位置左侧的一个文字。
> 组合键【Shift +→】：选中光标所在位置右侧的一个文字。
> 组合键【Shift + Home】：选中光标所在位置至行首的文本。
> 组合键【Shift + End】：选中光标所在位置至行尾的文本。
> 组合键【Ctrl + Shift + Home】：选中光标位置至文本开头的文本。
> 组合键【Ctrl + Shift + End】：选中光标位置至文本结尾处的文本。

8.2.3 复制与移动文本

"复制"是指把文档中的一部分"拷贝"一份，然后放到其他位置，而"复制"的内容仍按原样保留在原位置。"移动"文本则是指把文档中的一部分内容移动到文档中的其他位置，原有位置的文档不保留。下面详细介绍复制与移动文本的方法。

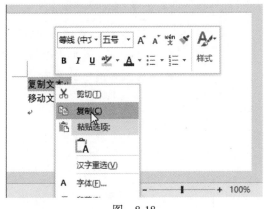

图 8-18

1 选择【复制】菜单项。

鼠标右键单击选中的文本，在弹出的快捷菜单中选择【复制】菜单项，如图 8-18 所示。

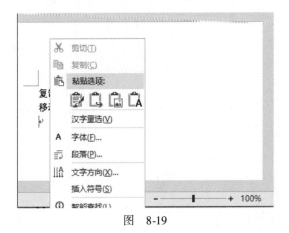

图 8-19

2 单击【粘贴】菜单项下的【保留源格式】按钮。

重新定位光标，鼠标右键单击光标所在位置，在弹出的快捷菜单中单击【粘贴】菜单项下的【保留源格式】按钮，如图 8-19 所示。

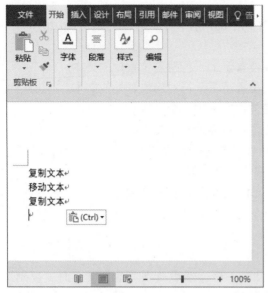

图 8-20

3 文本内容已经复制到新位置。

可以看到文本内容已经复制到新位置，通过以上步骤即可完成复制文本内容的操作，如图 8-20 所示。

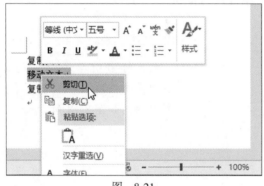

图 8-21

4 选择【剪切】菜单项。

鼠标右键单击选中的文本，在弹出的快捷菜单中选择【剪切】菜单项，如图 8-21 所示。

图 8-22

5 单击【粘贴】菜单项下的【保留源格式】按钮。

重新定位光标，鼠标右键单击光标所在位置，在弹出的快捷菜单中单击【粘贴】菜单项下的【保留源格式】按钮，如图 8-22 所示。

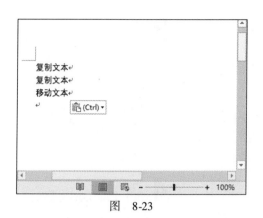

图 8-23

6 文本内容已经移动到新位置。

可以看到文本内容已经移动到新位置，通过以上步骤即可完成移动文本的操作，如图 8-23 所示。

删除与修改文本

在 Word 2016 文档中进行文本输入时，如果用户发现输入的文本有错误，可以对文本进行删除和修改，从而保证输入的正确性，下面介绍删除与修改文本的操作方法。

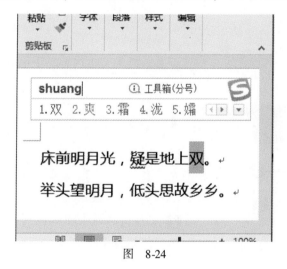

图 8-24

1 输入正确的文本内容，在键盘上按下词组所在的数字序号。

在文档中选中准备修改的文本内容，选择合适的输入法输入正确的文本内容，在键盘上按下词组所在的数字序号，即数字"3"，如图 8-24 所示。

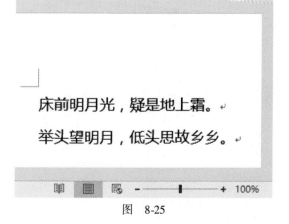

图 8-25

2 被选中的文本内容已经改变。

可以看到被选中的文本内容已经改变，通过上述步骤即可完成修改文本的操作，如图 8-25 所示。

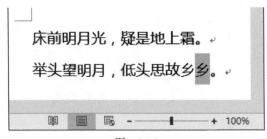

图 8-26

3 选中准备删除的文本内容。

在文档中选中准备删除的文本内容，如图 8-26 所示。

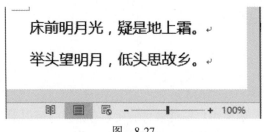

图 8-27

4 按下【Backspace】键。

按下【Backspace】键，可以看到选中的文本已经被删除，通过上述步骤即可完成删除文本的操作，如图 8-27 所示。

8.2.5 查找与替换文本

在 Word 2016 中，通过查找与替换文本操作可以快速查看或修改文本内容，下面介绍查找文本和替换文本的操作方法。

图 8-28

1 选择【查找】选项。

❶ 将光标定位在文本的任意位置，在【开始】选项卡中单击【编辑】下拉按钮。

❷ 在弹出的列表中选择【查找】选项，如图 8-28 所示。

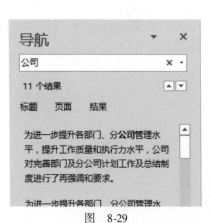

图 8-29

2 输入准备查找的文本内容并按下【Enter】键。

弹出【导航】栏，在文本框中输入准备查找的文本内容如"公司"，按下【Enter】键，如图 8-29 所示。

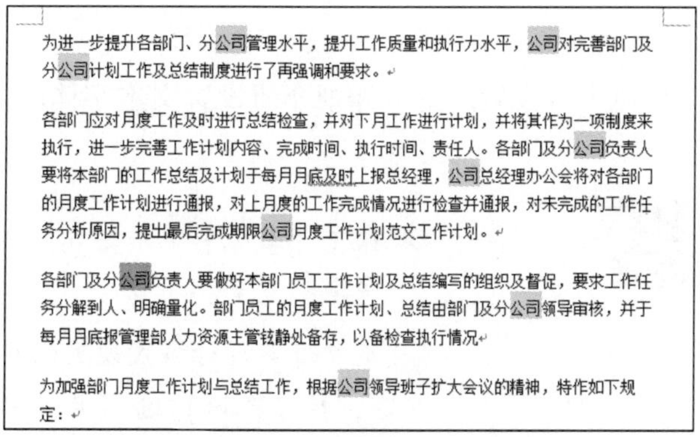

为进一步提升各部门、分公司管理水平，提升工作质量和执行力水平，公司对完善部门及分公司计划工作及总结制度进行了再强调和要求。

各部门应对月度工作及时进行总结检查，并对下月工作进行计划，并将其作为一项制度来执行，进一步完善工作计划内容、完成时间、执行时间、责任人。各部门及分公司负责人要将本部门的工作总结及计划于每月月底及时上报总经理，公司总经理办公会将对各部门的月度工作计划进行通报，对上月度的工作完成情况进行检查并通报，对未完成的工作任务分析原因，提出最后完成期限公司月度工作计划范文工作计划。

各部门及分公司负责人要做好本部门员工工作计划及总结编写的组织及督促，要求工作任务分解到人、明确量化。部门员工的月度工作计划、总结由部门及分公司领导审核，并于每月月底报管理部人力资源主管铉静处备存，以备检查执行情况。

为加强部门月度工作计划与总结工作，根据公司领导班子扩大会议的精神，特作如下规定：

图 8-30

3 显示该文本所在的页面和位置。

在文档中会显示该文本所在的页面和位置，该文本用黄色标出，如图 8-30 所示。

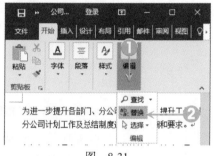

图 8-31

4 选择【替换】选项。

❶ 在【开始】选项卡中单击【编辑】下拉按钮。

❷ 在弹出的列表中选择【替换】选项，如图 8-31 所示。

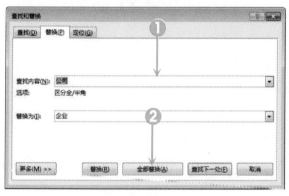

图 8-32

5 输入内容，单击【全部替换】按钮。

❶ 弹出【查找和替换】对话框，在【替换】选项卡下的【查找内容】和【替换为】文本框中输入内容。

❷ 单击【全部替换】按钮即可完成替换文本的操作，如图 8-32 所示。

Section 8.3 设置文本字体格式

手机扫描右侧二维码，观看本节视频课程：1 分 13 秒

　　文本格式编排决定了字符在屏幕上和打印时的出现形式。在输入所有内容之后，用户即可设置文档中的字体格式，并为字体添加效果，从而使文档看起来层次分明、结构工整。本节将详细介绍设置文本字体格式的操作。

8.3.1　设置文本字体

在文档中输入内容后，用户可以对字体进行设置，本节详细介绍设置文本字体的操作方法。

图　8-33

1 单击【字体】下拉按钮，选择字体。

① 选中准备进行格式设置的文本内容，在【开始】选项卡下单击【字体】下拉按钮。

② 在弹出的列表框中设置字体为【方正粗倩简体】，如图 8-33 所示。

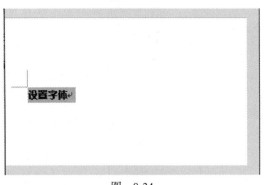

图　8-34

2 完成设置文本字体的操作。

可以看到被选中的文本字体已经改变，通过以上步骤即可完成设置文本字体的操作，如图 8-34 所示。

8.3.2　设置文本字号

在文档中输入内容后，用户还可以对字号进行设置，本节详细介绍设置文本字号的操作方法。

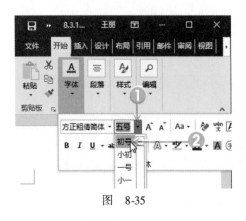

图　8-35

1 单击【字号】下拉按钮，设置字号。

① 选中准备进行格式设置的文本内容，在【开始】选项卡下单击【字体】下拉按钮，在弹出的选项中单击【字号】下拉按钮。

② 在弹出的列表框中设置字号为【初号】，如图 8-35 所示。

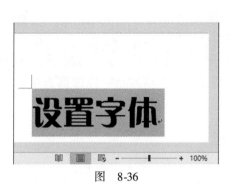

图　8-36

2 完成设置文本字号的操作。

可以看到被选中的文本字号已经改变，通过以上步骤即可完成设置文本字号的操作，如图 8-36 所示。

8.3.3　设置文本颜色

输入完文档内容后，用户还可以对字体颜色进行设置，本节详细介绍设置文本字体颜色的操作方法。

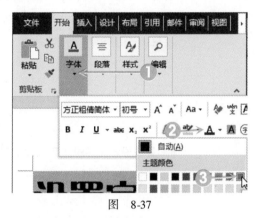

图　8-37

1 单击【字体颜色】下拉按钮，选择字体颜色。

❶ 选中准备进行格式设置的文本内容，在【开始】选项卡下单击【字体】下拉按钮。

❷ 在弹出的选项中单击【字体颜色】按钮。

❸ 在弹出的颜色库中选择一种颜色，如图 8-37 所示。

2 完成设置文本颜色的操作。

可以看到被选中的文本颜色已经改变，通过以上步骤即可完成设置文本颜色的操作，如图 8-38 所示。

图　8-38

为字体添加删除线

用户可以为字体添加删除线效果，在【开始】选项卡下的【字体】组中单击【启动器】按钮，弹出【字体】对话框，在【字体】选项卡中勾选【删除线】复选框，单击【确定】按钮，即可完成为字体添加删除线的操作。

段落是独立的信息单位，具有自身的格式特征。段落格式是指以段落为单位的格式设置。设置段落格式主要是指设置段落的对齐方式、段落缩进以及段落间距等。

8.4.1　设置段落对齐方式

段落的对齐方式共有5种，分别为文本左对齐、居中对齐、右对齐、两端对齐和分散对齐。下面介绍设置段落对齐方式的操作。

图　8-39

1 单击【居中】按钮。

❶ 选中段落文本，在【开始】选项卡下单击【段落】下拉按钮。

❷ 在弹出的选项中单击【居中】按钮，如图8-39所示。

图　8-40

2 完成设置段落对齐方式的操作。

可以看到选中段落已经变为居中对齐，通过以上步骤即可完成设置段落对齐方式的操作，如图8-40所示。

8.4.2　设置段落间距

用户可以设置段落的间距，设置段落间距的方法非常简单，下面详细介绍设置方法。

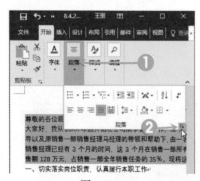

图　8-41

1 单击【段落设置】按钮。

❶ 选中段落文本，在【开始】选项卡下单击【段落】下拉按钮。

❷ 在弹出的选项中单击【段落设置】按钮，如图8-41所示。

图　8-42

2 设置间距。

❶ 弹出【段落】对话框，选择【缩进和间距】选项卡。

❷ 在【间距】区域的【段前】和【段后】微调框中输入【1 行】。

❸ 单击【确定】按钮。

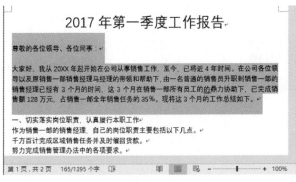

图　8-43

3 选中段落的间距已经改变。

可以看到选中段落的间距已经改变，通过以上步骤即可完成设置段落间距的操作，如图 8-43 所示。

8.4.3　设置行距

用户可以根据需要设置段落的行距，操作方法如下。

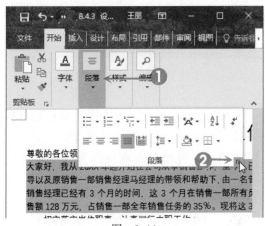

图　8-44

1 单击【段落设置】按钮。

❶ 选中段落文本，在【开始】选项卡下单击【段落】下拉按钮。

❷ 在弹出的选项中单击【段落设置】按钮，如图 8-44 所示。

图 8-45

2 设置行距。

1 弹出【段落】对话框，选择 【缩进和间距】选项卡。

2 在【间距】区域的【行距】列 表框中选择【1.5 倍行距】选项。

3 单击【确定】按钮，如图 8-45 所示。

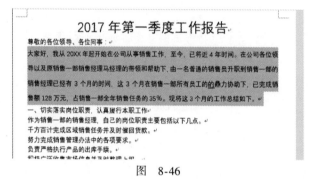

图 8-46

3 完成设置段落行距的操作。

可以看到选中段落的行距已 经改变，通过以上步骤即可完成 设置段落行距的操作，如图 8-46 所示。

Section 8.5　实践案例与上机指导

手机扫描右侧二维码、观看本节视频课程：2 分 07 秒

本章学习了文档基本操作方面的知识，在本节中，将结合实际工作应用，通过上机练习，巩固本章所学知识点。

8.5.1　使用文档视图查看文档

Word 2016 提供了多种视图模式供用户选择，包括页面视图、阅读视图、Web 版式视图、大纲视图和草稿视图 5 种视图模式。

1. 页面视图

页面视图是 Word 2016 的默认视图方式，可以显示文档的打印外观，主要包括页眉、页脚、图形对象、分栏设置、页面边距等元素，是最接近打印结果的视图方式。在【视图】选项卡下的【视图】组中单击【页面视图】按钮，即可使用页面视图方式查看文档，如图 8-47 所示。

2. 阅读视图

阅读视图是以图书的分栏样式显示 Word 2016 文档，【文件】按钮、功能区等元素被隐藏起来。在阅读视图中，用户可以通过阅读视图窗口上方的各种视图工具和按钮进行相关的

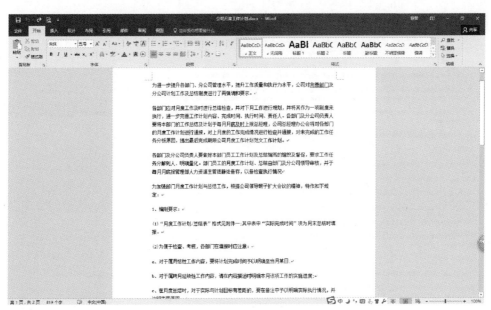

图 8-47

视图操作。在【视图】选项卡下的【视图】组中单击【阅读视图】按钮，即可使用阅读视图方式查看文档，如图 8-48 所示。

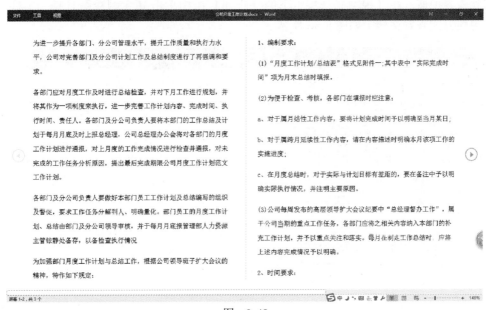

图 8-48

3．Web 版式视图

此视图用于创建 Web 页，能够模拟 Web 浏览器来显示文档。在该视图下，能够看到为 Web 文档添加的背景，文本将自动折行以适应窗口的大小。在【视图】选项卡下的【视图】组中单击【Web 版式视图】按钮，即可使用 Web 版式视图方式查看文档，如图 8-49 所示。

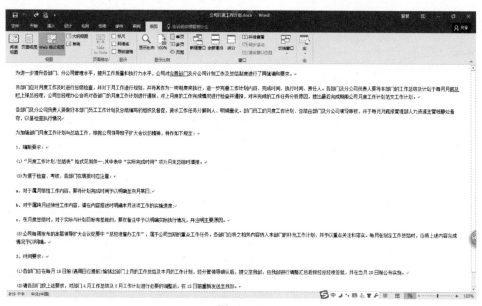

图 8-49

4. 大纲视图

大纲视图主要用于 Word 2016 文档结构的设置和浏览，使用大纲视图可以迅速了解文档的结构和内容梗概。在【视图】选项卡下的【视图】组中单击【大纲视图】按钮，即可使用大纲视图方式查看文档，如图 8-50 所示。

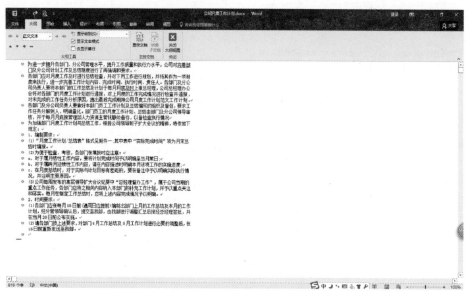

图 8-50

5. 草稿视图

草稿视图取消了页面边距、分栏、页眉、页脚和图片等元素，仅显示标题和正文，是最节省计算机系统硬件资源的视图方式。在【视图】选项卡下的【视图】组中单击【草稿视图】按钮，即可使用草稿视图方式查看文档，如图 8-51 所示。

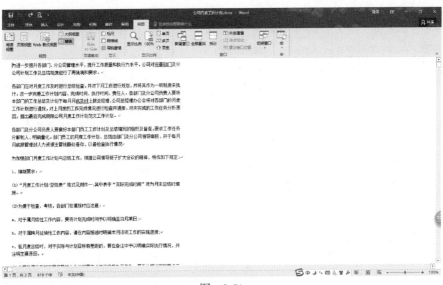

图 8-51

8.5.2 添加批注和修订

为了帮助阅读者更好地理解文档以及跟踪文档的修改状况，用户可以为 Word 文档添加批注和修订。

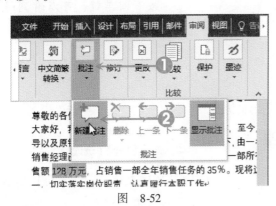

图 8-52

1 选择【新建批注】选项。

❶ 选中文本内容，在【审阅】选项卡中单击【批注】下拉按钮。

❷ 在弹出的选项中选择【新建批注】选项，如图 8-52 所示。

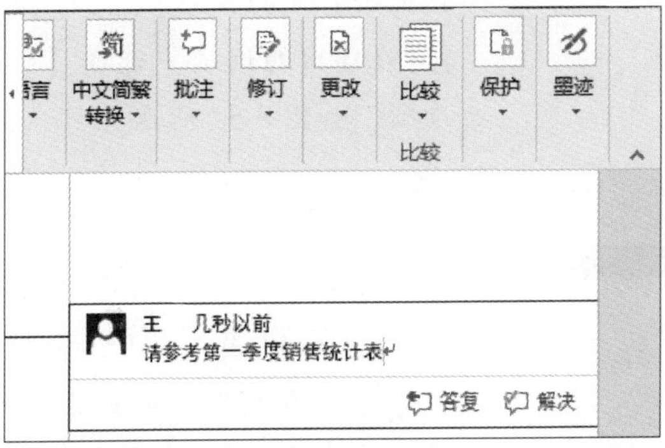

图 8-53

2 输入批注内容。

弹出批注框，用户可以在其中输入内容，通过以上步骤即可完成添加批注的操作，如图 8-53 所示。

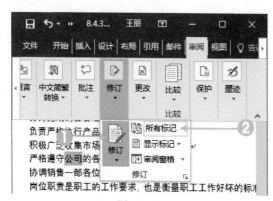

图 8-54

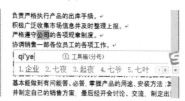

图 8-55

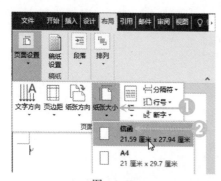

图 8-56

3 选择【所有标记】选项。

❶ 在【审阅】选项卡下单击【修订】下拉按钮，在弹出的选项中单击【修订】按钮。

❷ 在【显示以供审阅】下拉列表中选择【所有标记】选项，如图8-54所示。

4 选中"公司"并输入"企业"。

在文档中选中"公司"并输入"企业"，如图8-55所示。

5 完成添加修订的操作。

按下回车键，可以看到修订的效果，如图8-56所示。

8.5.3 设置纸张大小

用户可以设置纸张的大小，下面介绍其操作方法。

图 8-57

图 8-58

1 选择【信函】选项。

❶ 新建文档，在【布局】选项卡下的【页面设置】组中单击【纸张大小】下拉按钮。

❷ 在弹出的选项中选择【信函】选项，如图8-57所示。

2 完成设置纸张大小的操作。

可以看到纸张的大小已经改变，通过以上步骤即可完成设置纸张大小的操作，如图8-58所示。

第9章 09

设计与制作精美的Word文档

本章内容导读

　　本章主要介绍了插入图片与艺术字、使用文本框、使用表格、制作组织结构图，以及设置图片随文字移动和裁剪图片形状的方法。通过本章的学习，读者可以掌握设计与制作精美Word文档的知识。

本章知识要点

(1) 插入图片与艺术字
(2) 使用文本框
(3) 使用表格
(4) 制作组织结构图
(5) 设计页眉和页脚

Section 9.1 插入图片与艺术字

手机扫描右侧二维码，观看本节视频课程：2 分 37 秒

Word 不但擅长处理普通文本内容，还擅长编辑带有图形对象的文档，即图文混排。在文档中添加图片，可以使文档看起来生动、形象、充满活力。用户可以使用 Word 设计并制作图文并茂、内容丰富的文档。

9.1.1 插入图片

在 Word 2016 中，可以插入多种格式的图片，如 ".jpg"".png"和".bmp"等，下面详细介绍插入图片的操作方法。

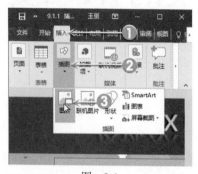

图 9-1

1 单击【图片】按钮。

❶ 将光标定位在准备插入图片的位置，选择【插入】选项卡。

❷ 单击【插图】下拉按钮。

❸ 在弹出的下拉列表中单击【图片】按钮，如图 9-1 所示。

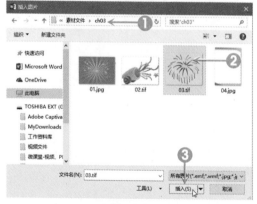

图 9-2

2 选择图片，单击【插入】按钮。

❶ 弹出【插入图片】对话框，选择图片所在位置。

❷ 选择准备插入的图片。

❸ 单击【插入】按钮，如图 9-2 所示。

图 9-3

3 完成在文档中插入图片的操作。

可以看到图片已经插入到文档中，通过以上步骤即可完成插入图片的操作，如图 9-3 所示。

在文档中插入联机图片

除了可以插入本地图片之外，用户还可以在文档中插入联机图片。Word 2016 内部提供了联机剪辑库，其中包含 Web 元素、背景、标志、地点和符号等。

9.1.2　插入艺术字

Word 2016 具有添加艺术字的功能，可以为文档添加生动、具有特殊视觉效果的文字，下面详细介绍插入艺术字的操作方法。

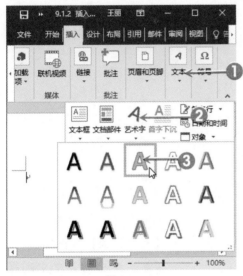

图　9-4

1 选择要插入的艺术字。

❶ 选择【插入】选项卡，单击【文本】下拉按钮。

❷ 在弹出的下拉列表中单击【艺术字】下拉按钮。

❸ 在弹出的列表中选择准备插入的艺术字格式，如图 9-4 所示。

图　9-5

2 输入艺术字内容。

文档中已插入了一个艺术字文本框，使用输入法输入内容，如图 9-5 所示。

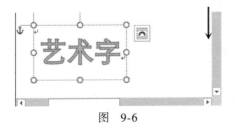

图　9-6

3 完成插入艺术字的操作。

按下回车键，通过以上步骤即可完成插入艺术字的操作，如图 9-6 所示。

9.1.3　修改艺术字样式

插入艺术字之后，用户还可以自己设计艺术字的样式，下面详细介绍修改方法。

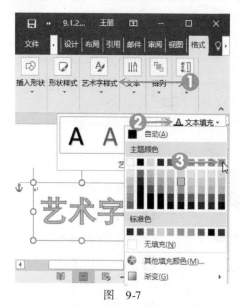

图　9-7

1 选择文本填充颜色。

❶ 选中艺术字，在【格式】选项卡中单击【艺术字样式】下拉按钮。

❷ 在弹出的选项中单击【文本填充】下拉按钮。

❸ 在弹出的颜色面板中选择【红色】选项，如图 9-7 所示。

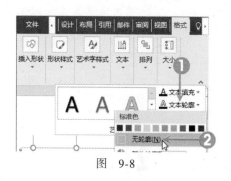

图　9-8

2 选择【无轮廓】菜单项。

❶ 在【艺术字样式】组中单击【文本轮廓】下拉按钮。

❷ 在弹出的菜单中选择【无轮廓】菜单项，如图 9-8 所示。

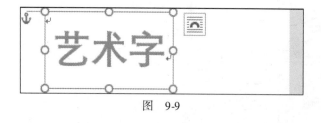

图　9-9

3 完成修改艺术字样式的操作。

通过以上步骤即可完成修改艺术字样式的操作，如图 9-9 所示。

9.1.4　设置图片和艺术字的环绕方式

插入图片和艺术字以后，用户可以设置图片和艺术字的环绕方式，环绕方式即文档中图片和文字的位置关系。下面详细介绍设置图片和艺术字的环绕方式的方法。

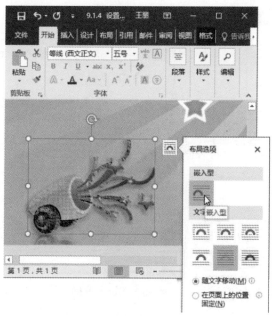

图　9-10

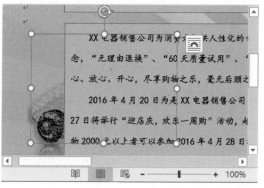

图　9-11

1 选择环绕方式为【嵌入型】。

单击图片，在图片旁边会自动弹出【布局选项】按钮，单击该按钮，在弹出的下拉列表中选择一种环绕方式如【嵌入型】选项，如图 9-10 所示。

■ **多学一点**

也可以在【段落】组中单击启动器按钮来选择布局选项。

2 完成设置环绕方式的操作。

通过以上步骤即可完成设置环绕方式的操作，设置艺术字环绕方式的方法与图片相同，这里不再赘述，如图 9-11 所示。

Section 9.2　使用文本框

手机扫描右侧二维码，观看本节视频课程：2 分 02 秒

在 Word 2016 办公软件中，文本框是指一种可以移动并调整大小的文字或图形容器。使用文本框，用户可以将 Word 文本很方便地放置到文档页面的指定位置，而不必受到段落格式、页面设置等因素的影响。

9.2.1　插入文本框

在文档中插入文本框的方法非常简单，下面详细介绍插入方法。

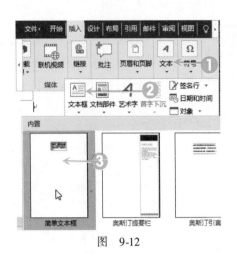

图 9-12

1 选择【简单文本框】选项。

❶ 单击【插入】选项卡，单击【文本】下拉按钮。

❷ 在弹出的选项中单击【文本框】下拉按钮。

❸ 在弹出的列表中选择【简单文本框】选项，如图9-12 所示。

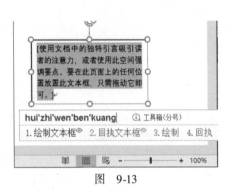

图 9-13

2 输入内容完成操作。

文档中已经插入了一个文本框，输入内容即可完成插入文本框的操作，如图9-13 所示。

9.2.2 设置文本框大小

选中文本框，在【格式】选项卡中单击【大小】下拉按钮，在弹出的【高度】和【宽度】微调框中可以设置文本框的大小，如图9-14 所示。

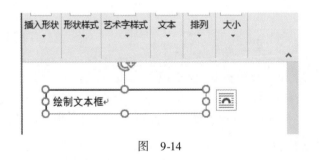

图 9-14

9.2.3 设置文本框样式

下面详细介绍设置文本框样式的方法。

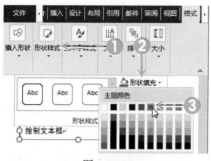

图　9-15

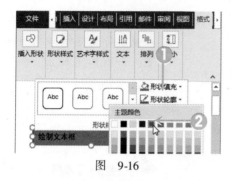

图　9-16

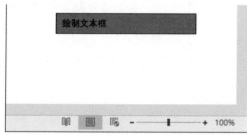

图　9-17

1 选择形状填充颜色。

❶ 选中文本框，在【格式】选项卡中单击【形状样式】下拉按钮。

❷ 在弹出的选项中单击【形状填充】下拉按钮。

❸ 在弹出的颜色面板中选择一种颜色，如图 9-15 所示。

2 选择形状轮廓颜色。

❶ 在【形状样式】组中单击【形状轮廓】下拉按钮。

❷ 在弹出的颜色面板中选择一种颜色，如图 9-16 所示。

3 完成设置文本框样式的操作。

通过以上步骤即可完成设置文本框样式的操作，如图 9-17 所示。

修改文本框环绕方式

用户可以修改文本框的环绕方式，选中文本框，在文本框旁边会自动弹出【布局选项】按钮，单击该按钮，在弹出的下拉列表中选择一种环绕方式即可完成设置文本框环绕方式的操作。

Section 9.3　使用表格

手机扫描右侧二维码，观看本节视频课程：2 分 37 秒

通过在 Word 文档中制作表格，可以将数据组织得井井有条。表格是由多个行或列的单元格组成的，用户可以在编辑文档的过程中向单元格中添加文字或图片，使文档内容更加直

观和形象，增强文档的可读性。

9.3.1 插入表格

在 Word 文档中插入表格的方法如下。

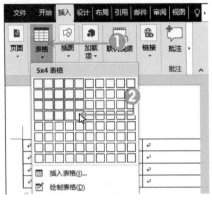

图 9-18

1 单击【表格】下拉按钮，将鼠标指针移至 4 行 5 列所在位置。

❶ 新建文档，在【插入】选项卡中单击【表格】下拉按钮。

❷ 在弹出的表格库中将鼠标指针移至准备创建的 4 行 5 列所在位置，如图 9-18 所示。

图 9-19

2 已经插入了表格。

此时在文档中已经插入了一个 4 行 5 列的表格，如图 9-19 所示。

9.3.2 输入文本

插入表格后，即可以在表格中输入内容了，下面详细介绍在表格中输入文本的方法。

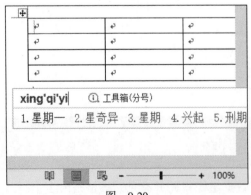

图 9-20

1 将光标定位在单元格中，输入内容。

将光标定位在单元格中，使用搜狗拼音输入法输入内容如"星期一"的拼音"xingqiyi"，如图 9-20 所示。

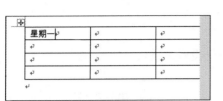

图　9-21

2 完成输入文本的操作。

　　按下空格键即可完成输入文本的操作，如图 9-21 所示。

9.3.3　插入整行与整列单元格

如果插入的表格不能满足工作的需要，用户还可以在表格中插入整行或整列单元格。

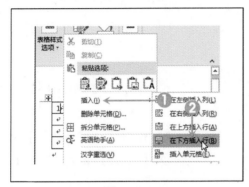

图　9-22

1 选择【在下方插入行】菜单项。

❶ 鼠标右键单击单元格，在弹出的快捷菜单中选择【插入】菜单项。

❷ 在弹出的子菜单中选择【在下方插入行】菜单项，如图 9-22 所示。

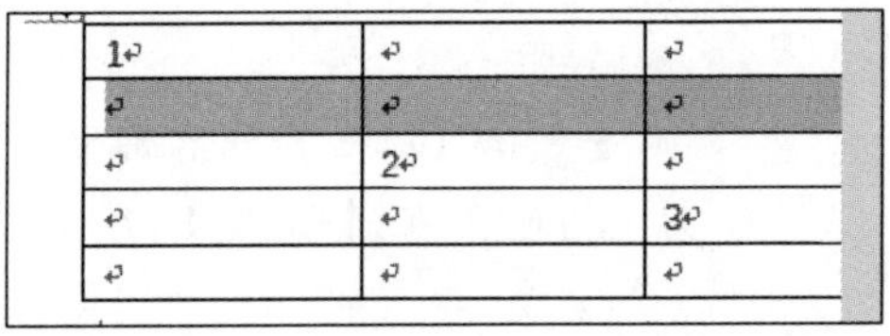

图　9-23

2 表格中插入了一行单元格。

　　可以看到表格中已经插入了一行单元格，变为 5 行，如图 9-23 所示。

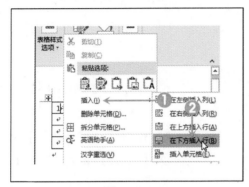

图　9-24

3 选择【在右侧插入列】菜单项。

❶ 右键单击单元格，选择【插入】菜单项。

❷ 在弹出的子菜单中选择【在右侧插入列】菜单项，如图 9-24 所示。

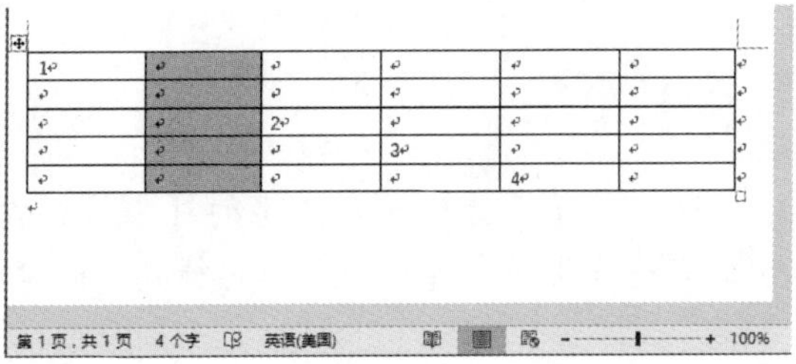

图　9-25

4 表格中插入了一列单元格。

　　可以看到表格中已经插入了一列单元格，变为 6 列，如图 9-25 所示。

9.3.4 设置表格边框线

用户可以为表格设置边框线，下面详细介绍设置表格边框线的方法。

图 9-26

1 单击启动器按钮。

❶ 在【设计】选项卡中，单击【边框】下拉按钮。

❷ 在弹出的选项中单击启动器按钮，如图9-26所示。

图 9-27

2 弹出【边框和底纹】对话框，设置样式。

❶ 弹出【边框和底纹】对话框，在【设置】区域选择【全部】选项。

❷ 在【样式】下拉列表中选择边框样式。

❸ 在【颜色】列表框中选择一种颜色，在【宽度】列表中选择宽度。

❹ 单击【确定】按钮，如图9-27所示。

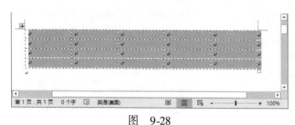

图 9-28

3 完成设置表格边框的操作。

通过以上步骤即可完成设置表格边框的操作，如图9-28所示。

设置表格样式

用户可以为表格设置表格样式，选中表格，在【设计】选项卡下的【表格样式】组中单击【表格样式】下拉按钮，在弹出的表格样式库中选择一个表格样式，即可完成为表格设置表格样式的操作。

手机扫描右侧二维码，观看本节视频课程：3 分 56 秒

Section 9.4 制作组织结构图

SmartArt 图形是信息和观点的视觉表示形式，能够快速、轻松和有效地传达信息。SmartArt 图形主要用于演示流程、层次结构、循环或关系。

9.4.1 创建结构图

在 Word 文档中创建结构图的方法如下。

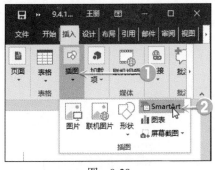

图 9-29

1 单击【SmartArt】按钮。

❶ 在【插入】选项卡中，单击【插图】下拉按钮。

❷ 在弹出的选项中单击【Smart-Art】按钮，如图 9-29 所示。

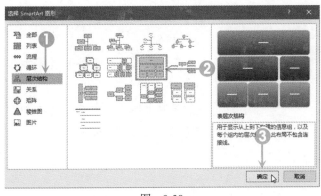

图 9-30

2 选择 SmartArt 图形。

❶ 弹出【选择 SmartArt 图形】对话框，在最左侧的列表中选择【层次结构】选项。

❷ 在中间的区域选择【表层次结构】选项。

❸ 单击【确定】按钮，如图 9-30所示。

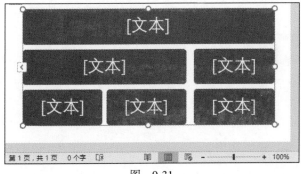

图 9-31

3 完成插入 SmartArt 图形的操作。

通过以上步骤即可在文档中插入 SmartArt 图形，如图 9-31所示。

9.4.2　修改组织结构图项目

如果插入的结构图不符合用户的需要，用户可以自己进行修改。

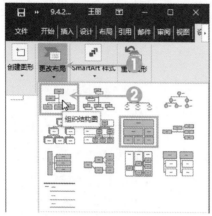

图　9-32

1 选择布局。

❶ 选中整个图形，在【设计】选项卡下单击【更改布局】下拉按钮。

❷ 在弹出的布局库中选择一种布局，如图9-32所示。

图　9-33

2 选择【添加助理】选项。

❶ 选中第一行的图形，在【设计】选项卡下单击【创建图形】下拉按钮。

❷ 在弹出的选项中单击【添加形状】下拉按钮。

❸ 在弹出的列表中选择【添加助理】选项，如图9-33所示。

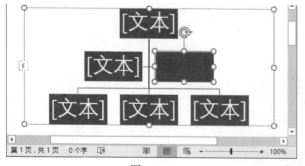

图　9-34

3 已经添加了一个助理图形。

此时在该图形的下面已经添加了一个助理图形，如图9-34所示。

9.4.3　在组织结构图中输入内容

制作完结构图的大体框架后，即可在图形中输入内容了。

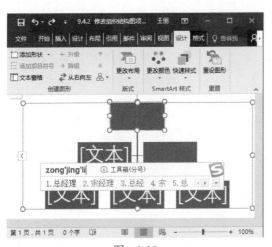

图　9-35

1 输入内容。

　　将光标定位在第一行的图形中，使用搜狗拼音输入法输入内容，如图 9-35 所示。

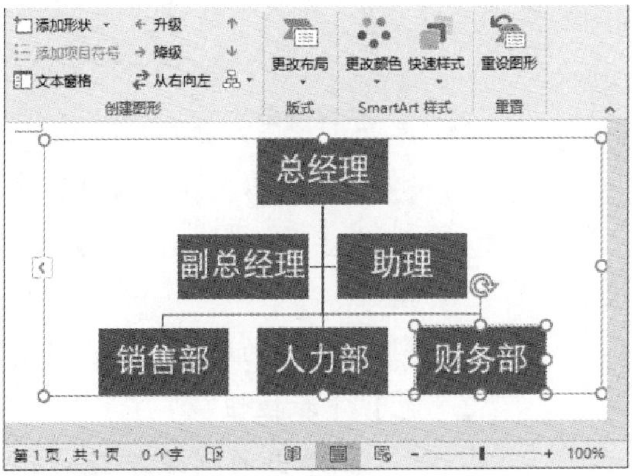

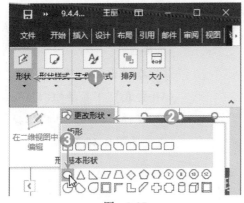

图　9-36

2 在其他的图形中输入相应的内容。

　　按下回车键即可完成输入内容的操作，使用相同的方法在其他图形中输入相应的内容，如图 9-36 所示。

9.4.4　改变组织结构图的形状

用户可以根据需要更改组织结构图的形状，方法如下。

图　9-37

1 选择形状。

❶ 选中图形，在【格式】选项卡中单击【形状】下拉按钮。

❷ 在弹出的选项中单击【更改形状】下拉按钮。

❸ 在弹出的形状库中选择一种形状，如图 9-37 所示。

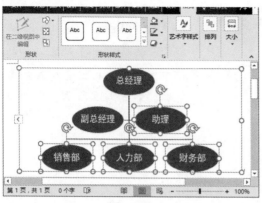

图　9-38

2 更改其他图形的形状。

使用相同的方法更改其他图形的形状，如图 9-38 所示。

9.4.5　设置组织结构图的外观

为了增强美观程度，用户还可以对结构图的格式进行设置。

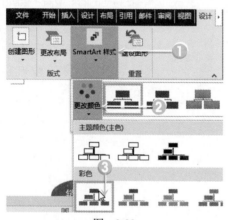

图　9-39

1 选择颜色。

❶ 选中图形，在【设计】选项卡中单击【SmartArt 样式】下拉按钮。

❷ 在弹出的选项中单击【更改颜色】下拉按钮。

❸ 在弹出的列表中选择一种颜色，如图 9-39 所示。

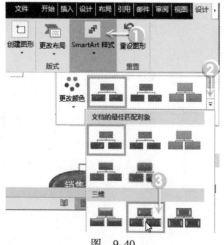

图　9-40

2 选择样式。

❶ 再次单击【SmartArt 样式】下拉按钮。

❷ 在弹出的选项中单击【Smart-Art 样式】下拉按钮。

❸ 在弹出的样式库中选择一种样式，如图 9-40 所示。

图 9-41

3 完成设置结构图外观的操作。

通过以上步骤即可完成设置结构图外观的操作，如图 9-41所示。

Section 9.5 设计页眉和页脚

手机扫描右侧二维码，观看本节视频课程：2 分 06 秒

在页眉和页脚中可以输入创建文档的基本信息，例如在页眉中输入文档名称、章节标题或者作者名称等信息，在页脚中输入文档的创建时间、页码等，不仅能够使文档更美观，还能向读者快速传递文档要表达的信息。

9.5.1 插入页眉和页脚

在 Word 文档中插入页眉和页脚的方法很简单，具体操作方法如下。

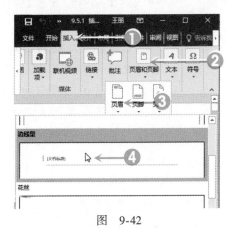

图 9-42

1 选择【边线型】选项。

❶ 打开文档，选择【插入】选项卡。

❷ 单击【页眉和页脚】下拉按钮。

❸ 在弹出的选项中单击【页眉】下拉按钮。

❹ 在弹出的列表中选择【边线型】选项，如图9-42所示。

2 显示【文档标题】文本域，输入内容。

文档的每一页顶部都插入了页眉，并显示【文档标题】文本域，输入内容，如图9-43所示。

图 9-43

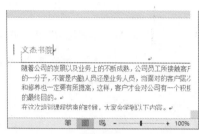

图 9-44

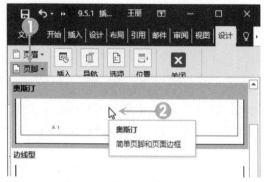

图 9-45

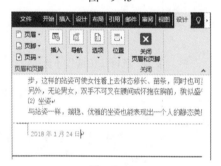

图 9-46

3 完成输入。

按下候选词所在序号 2，完成
输入，如图 9-44 所示。

4 选择【奥斯汀】选项。

❶ 在【插入】选项卡的【页眉
和页脚】组中单击【页脚】下拉
按钮。

❷ 在弹出的列表中选择【奥斯
汀】选项，如图 9-45 所示。

5 输入页脚内容，单击【关闭页眉和
页脚】按钮。

文档自动跳转到页脚编辑状
态，输入页脚内容如当前日期，
然后单击【关闭页眉和页脚】按
钮，即可完成插入页眉和页脚的
操作，如图 9-46 所示。

9.5.2　添加页码

插入完页眉和页脚后，用户还可以为文档添加页码，下面介绍操作方法。

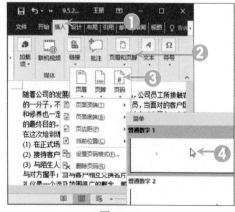

图 9-47

1 选择页码格式。

❶ 打开文档，选择【插入】选项卡。

❷ 单击【页眉和页脚】下拉按钮。

❸ 在弹出的选项中单击【页码】
下拉按钮。

❹ 在弹出的列表中选择【页面底
端】选项，在子列表中选择【普通
数字 1】选项，如图 9-47 所示。

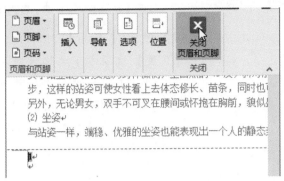

图 9-48

2 完成添加页码的操作。

可以看到文档的页脚部分已经插入了阿拉伯数字 1，单击【关闭页眉和页脚】按钮，即可完成添加页码的操作，如图 9-48 所示。

Section 9.6 实践案例与上机指导

手机扫描右侧二维码，观看本节视频课程：0 分 54 秒

本章学习了插入图片、插入艺术字和使用表格的知识，在本节中，将通过上机练习，巩固本章所学知识点。

9.6.1 设置图片随文字移动

在修改已排好版的文档时，有时会发生图片跑版的情况，我们可以按照以下方法让图片跟随文字移动。

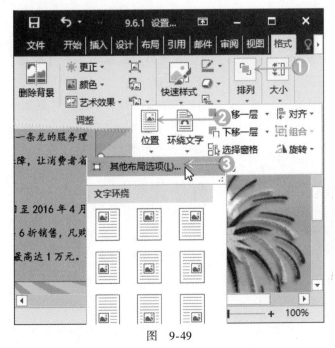

图 9-49

1 选择【其他布局选项】菜单项。

① 选中文档中的图片，在【格式】选项卡下单击【排列】下拉按钮。

② 在弹出的选项中单击【位置】下拉按钮。

③ 在弹出的列表中选择【其他布局选项】菜单项，如图 9-49 所示。

图 9-50

勾选【对象随文字移动】复选框。

❶ 弹出【布局】对话框，在【位置】选项卡下勾选【对象随文字移动】复选框。

❷ 单击【确定】按钮，即可完成将图片设置为随文字移动的操作，如图 9-50 所示。

9.6.2 裁剪图片形状

用户可以将插入的图片裁剪成不同的形状，下面详细介绍操作方法。

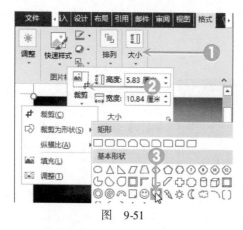

图 9-51

1 选择【裁剪的形状】。

❶ 选中文档中的图片，在【格式】选项卡下单击【大小】下拉按钮。

❷ 在弹出的选项中单击【裁剪】下拉按钮。

❸ 在弹出的列表中选择【裁剪为形状】菜单项，在弹出的形状库中选择一个形状，如图 9-51 所示。

图 9-52

2 图形已被裁剪。

可以看到图形已被裁剪为心形，如图 9-52 所示。

10 第10章

使用Excel 2016电子表格

本章内容导读

　　本章主要介绍了工作簿、工作表的概念，以及单元格、工作表、工作簿的基本操作、输入数据的技巧，同时还讲解了如何修改表格格式，在本章的最后还针对实际的工作需求，讲解了设置单元格文本换行、输入货币符号等实用方法。

本章知识要点

(1) 认识工作簿、工作表和单元格
(2) 工作簿的基本操作
(3) 工作表的基本操作
(4) 输入数据
(5) 修改表格格式

Section 10.1 认识工作簿、工作表和单元格

手机扫描右侧二维码，观看本节视频课程：1 分 05 秒

Excel 2016 是 Office 2016 中的一个组成部分，主要用于完成日常表格制作和数据计算等操作。使用 Excel 2016 前，首先要初步了解 Excel 2016 的基本知识。

10.1.1　认识 Excel 2016 工作界面

启动 Excel 2016 后即可进入 Excel 2016 的工作界面。Excel 2016 工作界面主要由标题栏、【快速访问】工具栏、功能区、编辑栏、工作表编辑区、滚动条和状态栏等部分组成，如图 10-1 所示。

图　10-1

1. 标题栏

标题栏位于 Excel 2016 工作界面的最上方，用于显示文档和程序名称。在标题栏的最右侧为【最小化】 按钮、【最大化】 按钮、【向下还原】 按钮和【关闭】 按钮，如图 10-2 所示。

图　10-2

2.【快速访问】工具栏

【快速访问】工具栏位于 Excel 2016 工作界面的左上方，用于快速执行一些特定操作。可以根据使用需要，添加或删除【快速访问】工具栏中的命令选项，如图 10-3 所示。

图　10-3

3. 功能区

功能区位于标题栏的下方，默认情况下由【文件】【开始】【插入】【页面布局】【公式】【数据】【审阅】和【视图】8 个选项卡组成。为了使用方便，将功能相似的命令分类为选项卡下的不同组中，如图 10-4 所示。

图　10-4

4. Backstage 视图

在功能区选择【文件】选项卡，可以打开 Backstage 视图，在该视图中可以管理文档和文档的相关数据，如新建、打开和保存文档等，如图 10-5 所示。

图　10-5

5. 编辑栏

编辑栏位于功能区的下方，用于显示和编辑当前单元格中的数据和公式。编辑栏主要由名称框、按钮组和编辑框组成，如图 10-6 所示。

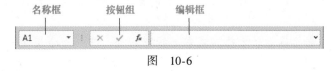

图　10-6

6. 工作表编辑区

工作表编辑区位于编辑栏的下方，是 Excel 2016 的主要工作区域，用于进行 Excel 电子表格的创建和编辑等操作，如图 10-7 所示。

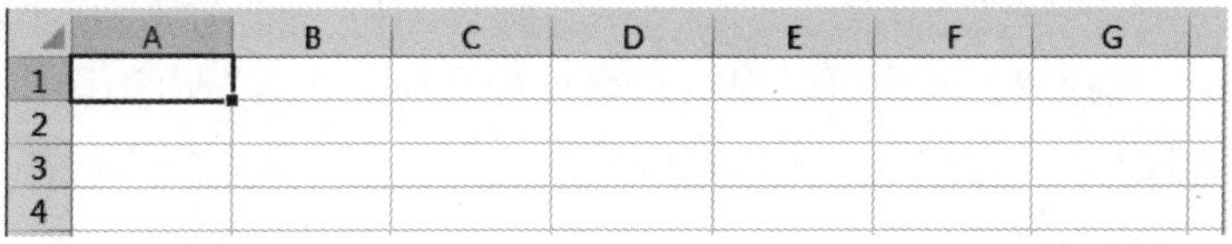

图　10-7

7. 状态栏

状态栏位于 Excel 2016 工作界面的最下方，用于查看页面信息、切换视图模式和调节显示比例等操作，如图 10-8 所示。

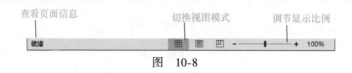

查看页面信息　　　　　切换视图模式　　调节显示比例

就绪

图　10-8

10.1.2　工作簿和工作表之间的关系

工作簿中的每一张表格都被称为工作表，工作表的集合即组成了一个工作簿。而单元格是工作表中的表格单位，用户通过在工作表中编辑单元格来分析处理数据。工作簿、工作表与单元格相互依存，一个工作簿中可以有多个工作表，而一张工作表中又含有多个单元格，三者组合成为 Excel 2016 中最基本的三个元素。

10.1.3　工作簿的格式

Excel 2016 文档格式与以前版本不同，其新的文件扩展名是在以前文件扩展名后添加 x 或 m，x 表示不含宏的 XML 文件，m 表示含有宏的 XML 文件，如表 10-1 所示。

表 10-1　Excel 文件类型与其对应的扩展名

文 件 类 型	扩 展 名
Excel 2016 工作簿	. xlsx
Excel 2016 启用宏的工作簿	. xlsm
Excel 2016 模板	. xltx
Excel 2016 启用宏的模板	. xltxm

检索 Excel 功能按钮

用户可以通过"告诉我你想做什么"功能快速检索 Excel 功能按钮，在输入框里输入任何关键字，Tell Me 都能提供相应的操作选项。比如，输入"表格"，下拉菜单中会出现添加表、表格属性、表格样式等可操作命令，当然也会提供查看"表格"的帮助。

Section 10.2　工作簿的基本操作

手机扫描右侧二维码，观看本节视频课程：1 分 27 秒。

在 Excel 2016 工作簿中，用户可以根据需要自行添加工作表。由于操作与处理 Excel 数据都是在工作簿和工作表中进行的，因此有必要先了解工作簿和工作表的常用操作，包括新建、保存、打开与关闭工作簿。

10.2.1　新建与保存工作簿

创建与保存工作簿的方法如下。

图 10-9

1 单击【Excel 2016】程序。

❶ 在桌面中单击【开始】按钮。

❷ 在【所有程序】列表中单击
【Excel 2016】程序，如图 10-9
所示。

图 10-10

2 单击【空白工作簿】模板。

进入 Excel 2016 创建界面，
在提供的模板中单击【空白工作
簿】模板，如图 10-10 所示。

图 10-11

3 选择【文件】选项卡。

此时已经新建了一个名为
【工作簿1】的工作簿，选择【文
件】选项卡，如图 10-11 所示。

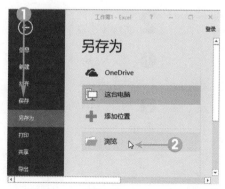

图 10-12

4 进入 Backstage 视图，选择【保
存】选项，选择【浏览】选项。

❶ 进入 Backstage 视图，选择
【保存】选项。

❷ 选择【浏览】选项，如图 10-12
所示。

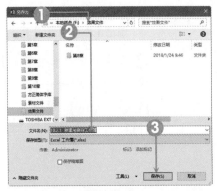

图 10-13

图 10-14

5 输入文件名称，单击【保存】按钮。

❶ 弹出【另存为】对话框，选择存储位置。

❷ 在【文件名】文本框中输入名称。

❸ 单击【保存】按钮，如图 10-13 所示。

6 完成创建与保存工作簿的操作。

通过以上步骤即可完成创建与保存工作簿的操作，如图 10-14 所示。

10.2.2 打开与关闭工作簿

如果准备使用 Excel 2016 查看或编辑电脑中保存的工作簿内容，可以打开工作簿，查看结束后将其关闭，下面介绍打开与关闭工作簿的方法。

图 10-15

图 10-16

1 选择【文件】选项卡。

在打开的工作簿中选择【文件】选项卡，如图 10-15 所示。

2 选择【浏览】选项。

❶ 进入 Backstage 视图，选择【打开】选项。

❷ 选择【浏览】选项，如图 10-16 所示。

图 10-17

3 选中文件，单击【打开】按钮。

弹出【打开】对话框，选中准备打开的文件，单击【打开】按钮，如图 10-17 所示。

图 10-18

4 完成打开工作簿的操作。

通过以上步骤即可完成打开工作簿的操作，如图 10-18 所示。

图 10-19

5 选择【文件】选项卡。

如果要关闭工作簿，选择【文件】选项卡，如图 10-19 所示。

图 10-20

6 选择【关闭】选项关闭工作簿。

进入 Backstage 视图，选择【关闭】选项即可关闭工作簿，如图 10-20 所示。

智慧锦囊

打开工作簿的其他方法

除了使用上面的方法打开工作簿之外，用户还可以按下组合键【Ctrl + O】，弹出【打开】对话框，选择准备打开的工作簿，单击【打开】按钮。

Section 10.3 工作表的基本操作

手机扫描右侧二维码，观看本节视频课程：2 分 56 秒

工作表是工作簿里的一个表。工作表的基本操作包括命名工作表、添加工作表、选择与切换工作表、移动与复制工作表以及删除多余的工作表等，本节将予以详细的介绍。

10.3.1 命名工作表

工作表默认名称为【Sheet1】，用户可以根据需要修改工作表的名称，下面介绍命名工作表的操作方法。

图 10-21

1 选择【重命名】菜单项。

鼠标右键单击工作表的名称，在弹出的快捷菜单中选择【重命名】菜单项，如图 10-21 所示。

图 10-22

2 输入新的名称。

表格名称处于可编辑状态，使用输入法输入新的名称，如图 10-22 所示。

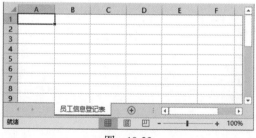

图 10-23

3 完成重命名表格的操作。

按下空格键输入名称，再按下【Enter】键即可完成重命名工作表的操作，如图 10-23 所示。

10.3.2 添加员工基本资料表

Excel 2016 工作簿默认含有 1 个工作表，用户可以根据需要添加新工作表。

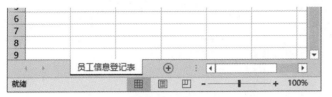

图 10-24

1 单击【新工作表】按钮。

在工作簿中单击【新工作表】按钮⊕，如图 10-24 所示。

图 10-25

2 右键单击该表名称，选择【重命名】菜单项。

此时工作簿中已经添加了一个名为【Sheet1】的工作表，右键单击该表名称，在弹出的菜单中选择【重命名】菜单项，如图 10-25 所示。

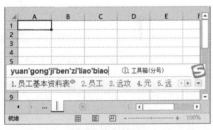

图 10-26

3 输入新的名称。

表格名称处于可编辑状态，使用输入法输入新的名称，如图 10-26 所示。

图 10-27

4 完成在工作簿中添加新工作表的操作。

按下空格键输入名称，然后按下【Enter】键即可完成在工作簿中添加新的空白工作表的操作，如图 10-27 所示。

10.3.3 选择和切换工作表

当一个工作簿中有多张工作表时，选择与切换工作表的操作必不可少。鼠标单击准备切换到的工作表名称，被选择的工作表名称变为绿色，即表示已切换到该表中，如图 10-28 和图 10-29 所示。

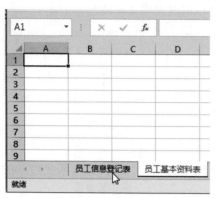

图　10-28

图　10-29

10.3.4 移动与复制工作表

移动工作表是在不改变工作表数量的情况下，对工作表的位置进行调整，而复制工作表则是在原工作表数量的基础上，再创建一个与原工作表有同样内容的工作表，下面介绍工作表的复制和移动的方法。

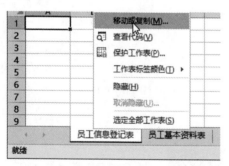

图　10-30

1 选择【移动或复制】菜单项。

鼠标右键单击准备复制的工作表名称，在弹出的快捷菜单中选择【移动或复制】菜单项，如图 10-30 所示。

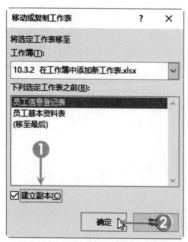

图　10-31

2 勾选【建立副本】复选框，单击【确定】按钮。

❶ 弹出【移动或复制工作表】对话框，勾选【建立副本】复选框。

❷ 单击【确定】按钮，如图 10-31 所示。

图　10-32

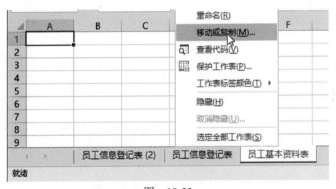

图　10-33

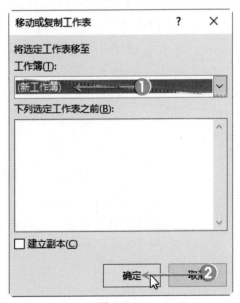

图　10-34

3 完成复制工作表的操作。

此时工作簿中已经添加了一个名为"员工信息登记表（2）"的工作表，通过以上步骤即可完成复制工作表的操作，如图 10-32 所示。

4 选择【移动或复制】菜单项。

鼠标右键单击准备移动的工作表名称，在弹出的快捷菜单中选择【移动或复制】菜单项，如图 10-33 所示。

5 选择【（新工作簿）】选项，单击【确定】按钮。

❶ 弹出【移动或复制工作表】对话框，在【工作簿】列表框中选择【（新工作簿）】选项。

❷ 单击【确定】按钮，如图 10-34 所示。

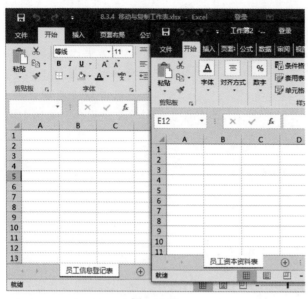

图 10-35

6 通过以上步骤即可完成移动工作表的操作。

此时 Excel 2016 自动新建了一个名为【工作簿 2】的新工作簿，可以看到该工作簿中含有一个名为【员工基本资料表】的工作表，通过以上步骤即可完成移动工作表的操作，如图 10-35 所示。

10.3.5 删除多余的工作表

在 Excel 2016 工作簿中，用户可以删除不再使用的工作表，以节省资源，下面介绍删除工作表的操作方法。

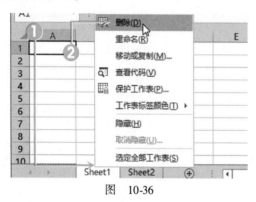

图 10-36

1 选择【删除】菜单项。

鼠标右键单击准备删除的工作表名称，如【Sheet1】，在弹出的快捷菜单中选择【删除】菜单项，如图 10-36 所示。

图 10-37

2 完成删除多余工作表的操作。

可以看到名为【Sheet1】工作表已经被删除，通过以上步骤即可完成删除多余工作表的操作，如图 10-37 所示。

设置工作表标签颜色

用户可以设置工作表标签的颜色，鼠标右键单击工作表的名称，在弹出的快捷菜单中选择【工作表标签颜色】菜单项，在弹出的子菜单中选择一种颜色，即可完成更改工作表标签颜色的操作。

Section
10.4 **输入数据**

手机扫描右侧二维码，观看本节视频课程：2 分 06 秒

数据是表格中不可缺少的元素，在单元格中输入的数据时，Excel 会自动根据数据的特征进行处理并显示出来。本节将介绍选择单元格与输入文本、输入以"0"开头的员工编号和设置员工入职日期格式等方面的知识。

10.4.1　选择单元格与输入文本

在单元格中经常需要输入文本信息，如工作表的标题、图表中的内容等，下面介绍选择单元格并输入文本的方法。

图　10-38

1 选中单元格，输入文本内容。

打开工作簿，单击选中准备输入文本的单元格，使用输入法输入文本内容，如图 10-38 所示。

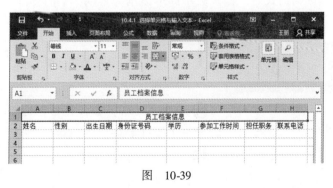

图　10-39

2 完成选择单元格与输入文本的操作。

使用相同方法在其他单元格输入内容，通过以上步骤即可完成选择单元格与输入文本的操作，如图 10-39 所示。

10.4.2　输入以"0"开头的员工编号

使用 Excel 2016 在单元格中输入以 0 开头的序号时，Excel 会自动把前面的 0 去除，只显示后面的数字，下面详细介绍解决这个问题的方法。

图 10-40

1 选择下拉列表框中【文本】选项。

❶ 选中单元格，在【开始】选项卡中单击【数字】下拉按钮。

❷ 在弹出的选项中选择下拉列表框中的【文本】选项，如图 10-40 所示。

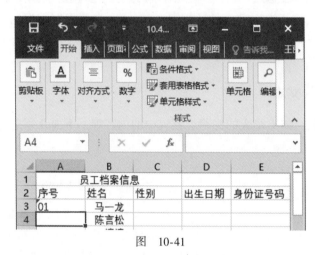

图 10-41

2 在单元格中输入 01，按下回车键。

在单元格中输入 01，按下回车键，可以看到单元格中显示 01，如图 10-41 所示。

10.4.3　设置员工入职日期格式

把 Excel 工作表中的单元格设置为日期格式后，输入数字即可显示为日期，下面详细介绍设置单元格日期格式的操作方法。

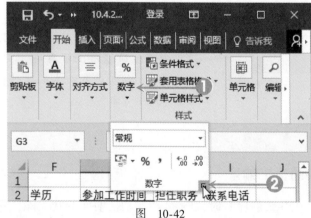

图 10-42

1 单击【数字】下拉按钮，单击启动器按钮。

❶ 选中单元格，在【开始】选项卡中单击【数字】下拉按钮。

❷ 在弹出的选项中单击启动器按钮，如图 10-42 所示。

图　10-43

图　10-44

2 选择【日期】列表项，选择日期样式。

❶ 弹出【设置单元格格式】对话框，在【数字】选项卡下选择【日期】列表项。

❷ 在【类型】列表框中选择准备使用的日期样式类型。

❸ 单击【确定】按钮，如图 10-43 所示。

3 完成设置入职日期格式的操作。

　　在单元格中输入日期后按下回车键，即可完成设置入职日期格式的操作，如图 10-44 所示。

10.4.4　快速填充数据

用户可以使用"填充柄"进行数据的快速填充，下面详细介绍快速填充数据的方法。

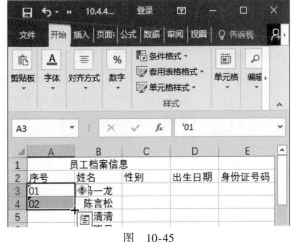

图　10-45

1 拖曳鼠标指针至合适位置，释放鼠标。

　　选择已经输入数据的单元格，将鼠标指针移动至单元格区域右下角，此时鼠标指针变为"十"形状，向下拖曳鼠标指针至合适位置，释放鼠标，如图 10-45 所示。

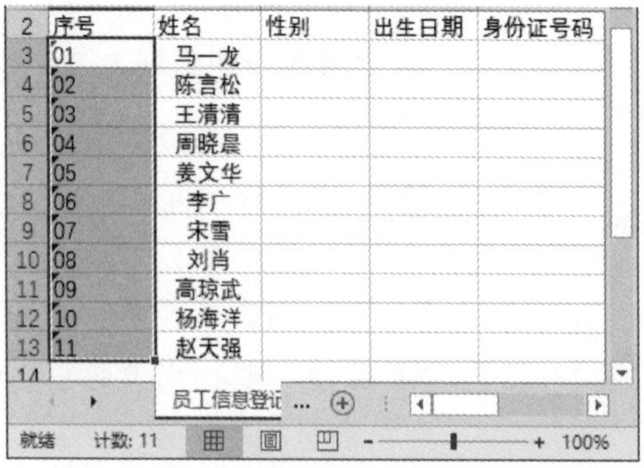

图 10-46

2 完成快速填充数据的操作。

可以看到单元格中已经填充了相应的序号，通过以上步骤即可完成快速填充数据的操作，如图 10-46 所示。

Section
10.5 修改表格格式
手机扫描右侧二维码，观看本节视频课程：4 分 21 秒

表格内容建立完成后，为了使其更加美观、清晰，需要对表格格式进行修改。修改表格格式包括选择单元格或单元格区域、添加和设置表格边框、合并与拆分单元格等内容。

10.5.1 选择单元格或单元格区域

在表格中选择单元格或单元格区域的方法如下。

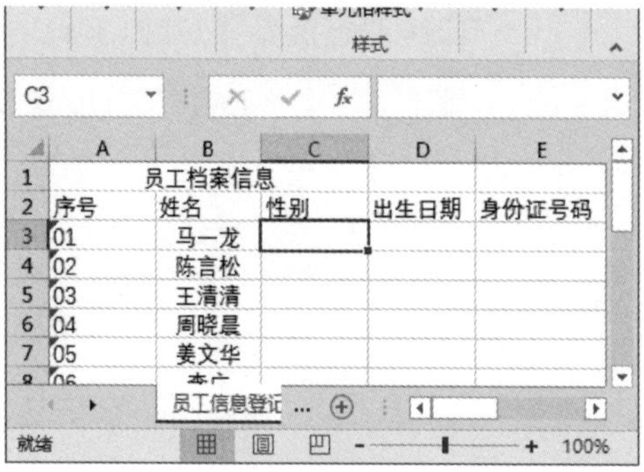

图 10-47

1 选择单个单元格。

单击一个单元格即可选择该单元格，如图 10-47 所示。

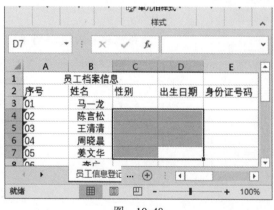

图 10-48

2 选择连续的单元格区域。

拖曳鼠标左键至适当位置释放鼠标，即可选择连续的单元格区域，如图 10-48 所示。

图 10-49

3 选择不连续的单元格区域。

先选择一个单元格，然后按住【Ctrl】键再单击其他单元格，即可选择不连续的单元格区域，如图 10-49 所示。

10.5.2 添加和设置表格边框

在 Excel 2016 中用户可以为表格设置边框，下面介绍设置边框的方法。

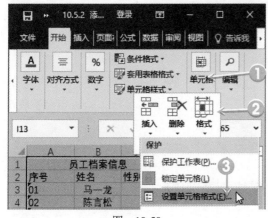

图 10-50

1 选择【设置单元格格式】菜单项。

① 选中整个表格，在【开始】选项卡下单击【单元格】下拉按钮。

② 单击【格式】下拉按钮。

③ 选择【设置单元格格式】菜单项，如图 10-50 所示。

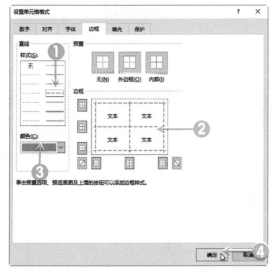

图 10-51

2 设置单元格边框格式。

① 弹出【设置单元格格式】对话框，在【边框】选项卡下的【样式】区域选择边框样式。

② 在【边框】区域选择边框位置。

③ 在【颜色】列表框中选择一种颜色。

④ 单击【确定】按钮，如图 10-51 所示。

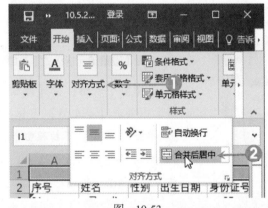

图 10-52

3 完成添加和设置表格边框的操作。

通过上述操作即可完成添加和设置表格边框的操作，如图 10-52 所示。

10.5.3 合并与拆分单元格

在 Excel 2016 中，用户可以通过合并单元格操作将两个或多个单元格组合在一起，也可以将合并后的单元格拆分，下面介绍合并与拆分单元格的方法。

图 10-53

1 单击【合并后居中】按钮。

❶ 选中准备合并的单元格，在【开始】选项卡中单击【对齐方式】下拉按钮。

❷ 在弹出的选项中单击【合并后居中】按钮，如图 10-53 所示。

图 10-54

2 完成合并单元格的操作。

通过上述操作即可完成合并单元格的操作，如图 10-54 所示。

图 10-55

3 选择【取消单元格合并】选项。

❶ 选中选择准备拆分的单元格，在【开始】选项卡中单击【对齐方式】下拉按钮。

❷ 在弹出的选项中单击【合并后居中】下拉按钮。

❸ 在弹出的选项中选择【取消单元格合并】选项，如图 10-55 所示。

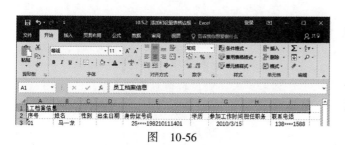

图 10-56

4 完成拆分合并的单元格的操作。

通过上述操作即可完成拆分合并的单元格的操作，如图 10-56 所示。

10.5.4 设置行高与列宽

在单元格中输入数据时，会出现数据和单元格的尺寸不相符的情况，用户可以对单元格的行高和列宽进行设置，下面介绍设置行高和列宽的操作方法。

图 10-57

1 选择【行高】菜单项。

① 选中单元格，在【开始】选项卡中单击【单元格】下拉按钮。
② 在弹出的选项中单击【格式】下拉按钮。
③ 在弹出的菜单中选择【行高】菜单项，如图 10-57 所示。

图 10-58

2 输入数值，单击【确定】按钮。

① 弹出【行高】对话框，在【行高】数值框中输入数值。
② 单击【确定】按钮，如图 10-58 所示。

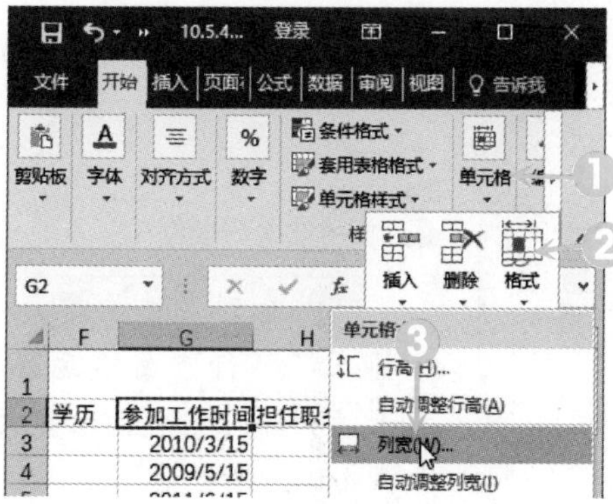

3 选择【列宽】菜单项。

① 选中单元格，在【开始】选项卡中单击【单元格】下拉按钮。
② 在弹出的选项中单击【格式】下拉按钮。
③ 在弹出的菜单中选择【列宽】菜单项，如图 10-59 所示。

图 10-59

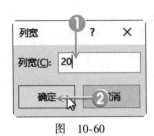

图 10-60

4 输入数值，单击【确定】按钮。

① 弹出【列宽】对话框，在【列宽】数值框中输入数值。

② 单击【确定】按钮，如图 10-60 所示。

图 10-61

5 完成设置行高与列宽的操作。

可以看到选中单元格的列宽已经改变，通过以上步骤即可完成设置行高与列宽的操作，如图 10-61 所示。

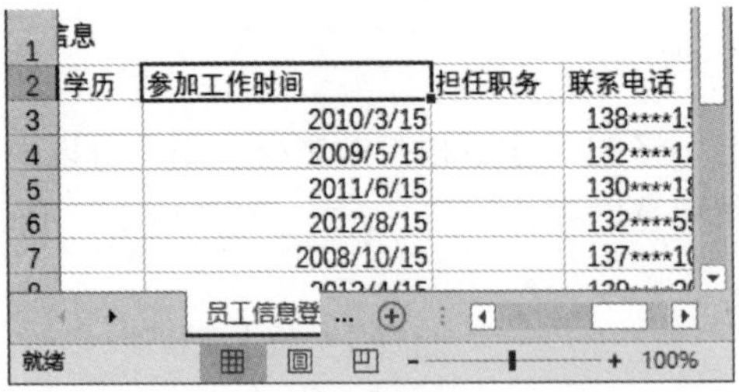

10.5.5 插入或删除行与列

用户可以根据需要插入或删除行和列，下面介绍插入与删除行和列的方法。

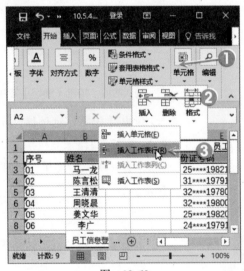

图 10-62

1 选择【插入工作表行】菜单项。

① 选中准备插入整行单元格的位置，在【开始】选项卡中单击【单元格】下拉按钮。

② 在弹出的选项中单击【插入】下拉按钮。

③ 在弹出的菜单中选择【插入工作表行】菜单项，如图 10-62 所示。

图 10-63

2 完成插入行的操作。

可以看到在选中单元格的上方插入了一行空白单元格，通过以上步骤即可完成插入行的操作，如图 10-63 所示。

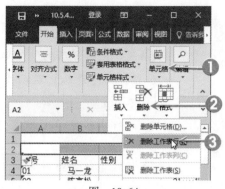

图 10-64

图 10-65

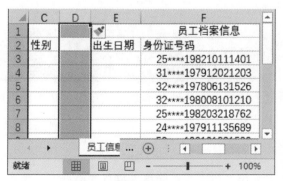

图 10-66

3 选择【删除工作表行】菜单项。

1 选中需要删除整行单元格的位置，在【开始】选项卡中单击【单元格】下拉按钮。

2 在弹出的选项中单击【删除】下拉按钮。

3 在弹出的菜单中选择【删除工作表行】菜单项，如图10-64 所示。

4 完成删除行的操作。

可以看到刚刚插入的一行空白单元格已经被删除，通过以上步骤即可完成删除行的操作，如图 10-65 所示。

5 选择【插入工作表列】菜单项。

1 选中准备插入整列单元格的位置，在【开始】选项卡中单击【单元格】下拉按钮。

2 在弹出的选项中单击【插入】下拉按钮。

3 在弹出的菜单中选择【插入工作表列】菜单项，如图10-66 所示。

6 完成插入列的操作。

可以看到在选中单元格的左侧插入了一列空白单元格，通过以上步骤即可完成插入列的操作，如图 10-67 所示。

图 10-67

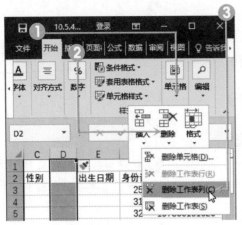

图 10-68

7 选择【删除工作表列】菜单项。

❶ 选中准备删除的整列单元格的位置，在【开始】选项卡中单击【单元格】下拉按钮。

❷ 在弹出的选项中单击【删除】下拉按钮。

❸ 在弹出的菜单中选择【删除工作表列】菜单项，如图 10-68 所示。

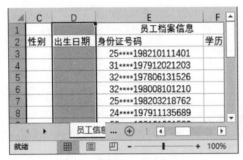

图 10-69

8 完成删除列的操作。

可以看到刚刚插入的一列空白单元格已经被删除，通过以上步骤即可完成删除列的操作，如图 10-69 所示。

手动设置行高与列宽

除了使用功能区设置行高和列宽之外，还可以手动调整行高与列宽，将鼠标指针移至行或列的端点，鼠标指针变为左右或上下方向的箭头，拖曳鼠标即可扩大或缩小行高和列宽。

Section 10.6 实践案例与上机指导

手机扫描右侧二维码，观看本节视频课程：1 分 25 秒

在本节中，将结合实际工作应用，通过上机练习，达到对本章所学知识点拓展和巩固的目的。

10.6.1 设置单元格文本换行

如果单元格中的内容太多，一行放不下，用户可以为单元格设置自动换行。

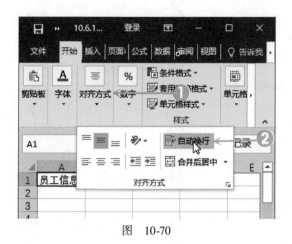

图　10-70

图　10-71

1 单击【自动换行】按钮。

❶ 选中单元格，在【开始】选项卡中单击【对齐方式】下拉按钮。

❷ 在弹出选项中单击【自动换行】按钮，如图 10-70 所示。

2 完成设置自动换行的操作。

可以看到单元格中的文本已经呈两行显示，通过以上步骤即可完成为单元格文本设置自动换行的操作，如图 10-71 所示。

10.6.2　输入货币符号

如果用户想在单元格中输入货币符号，可以按照如下方法进行设置。

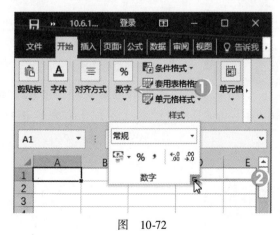

图　10-72

1 单击启动器按钮。

❶ 打开 Excel 2016，选中单元格，在【开始】选项卡中单击【数字】下拉按钮。

❷ 在弹出的选项中单击启动器按钮，如图 10-72 所示。

图 10-73

2 选择【货币】选项，选择货币样式，单击【确定】按钮。

❶ 弹出【设置单元格格式】对话框，在【数字】选项卡下的【分类】列表框中选择【货币】选项。

❷ 在【货币符号】列表框中选择准备使用的货币样式。

❸ 在【负数】列表框中选择一种类型。

❹ 单击【确定】按钮，如图 10-73 所示。

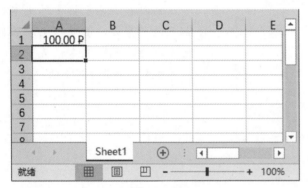

图 10-74

3 输入数字，按下回车键，即显示货币符号。

在单元格中输入数字，按下回车键，即可显示货币符号，如图 10-74 所示。

10.6.3 将 Excel 文档另存为其他格式

将工作簿另存为其他兼容模式，可以方便不同用户阅读，下面详细介绍其操作方法。

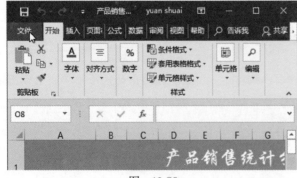

图 10-75

1 单击【文件】选项卡。

打开准备保存为其他模式的工作簿，单击【文件】选项卡，如图 10-75 所示。

188

图 10-76

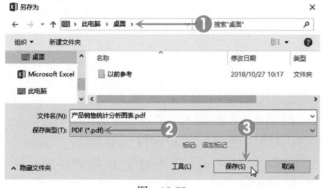

图 10-77

2 选择【另存为】选项，单击【浏览】按钮。

❶ 进入 Backstage 视图，选择【另存为】选项。

❷ 单击【浏览】按钮，如图 10-76 所示。

3 选择【PDF】选项，单击【保存】按钮。

❶ 弹出【另存为】对话框，选择文件保存位置。

❷ 在【保存类型】列表中选择【PDF】选项。

❸ 单击【保存】按钮，即可完成将文档另存为其他模式的操作，如图 10-77 所示。

11

第11章

计算与分析数据

本章内容导读

本章主要介绍了单元格的引用、使用公式和函数计算数据，以及数据排序与筛选的知识与技巧，同时还讲解了分类汇总的方法章的最后还针对实际的工作需求，讲解了计算加班费和制作员工。通过本章的学习，读者可以掌握计算与分析数据方面的知识。

本章知识要点

(1) 单元格的引用
(2) 使用公式计算数据
(3) 使用函数计算数据
(4) 数据排序和筛选
(5) 分类汇总
(6) 设计与制作图表

引用单元格

手机扫描右侧二维码，观看本节视频课程：1 分 20 秒

在 Excel 工作表中使用公式离不开单元格的引用。引用的作用是标识工作表的单元格或单元格区域，指明公式中使用的数据位置。通过引用，可以在公式中使用工作表不同部分的数据，或者在多个公式中使用同一单元格的数值，还可以引用相同工作簿中不同工作表的单元格。

11.1.1　单元格引用样式

单元格的引用是通过指定单元格所在的列标和行号来表示其在工作表中位置的。单元格的引用包括绝对引用、相对引用和混合引用 3 种。

创建快捷方式

如果桌面上无快捷方式图标，可以自行创建。选择【所有程序】→【Microsoft Office】菜单项，右键单击【Microsoft Office Excel 2007】菜单项，在弹出的快捷菜单中选择【发送到】→【桌面快捷方式】菜单项即可。

11.1.2　相对引用和绝对引用

单元格的相对引用是基于包含公式和引用的单元格的相对位置而言的。如果公式所在单元格的位置改变，引用也将随之改变。如果在多行或多列中复制公式，引用会自动调整。默认情况下，新公式使用相对引用。

单元格中的绝对引用则总是在指定位置引用单元格（例如 A1）。即使公式所在单元格的位置改变，绝对引用的单元格也始终保持不变。如果在多行或多列中复制公式，绝对应用将不作调整。

11.1.3　混合引用

混合引用包括绝对列和相对行（例如 $A1），或者绝对行和相对列（例如 A$1）两种形式。如果公式所在单元格的位置改变，则相对引用改变，而绝对引用不变。如果在多行或多列中复制公式，相对引用自动调整，而绝对引用不作调整。

引用单元格的格式

如果要引用同一工作簿中其他工作表中的单元格，表达方式为"工作表名称！单元格地址"；如果要引用同一工作簿多张工作表中的单元格或单元格区域，表达方式"工作表名称：工作表名称！单元格地址"；用户还可以引用其他工作簿中的单元格。

Section
11.2 **使用公式计算数据**
手机扫描右侧二维码、观看本节视频课程：1 分 40 秒

在 Excel 2016 中，使用公式可以省去手工输入数字的麻烦，减少输入的错误。本节将详细介绍公式的概念与运算符、公式的输入与编辑、公式的审核以及自动求和的方法和技巧。

11.2.1 公式的概念与运算符

公式是对工作表中的数值执行计算的等式，以"="开头，通常情况下，公式由函数、参数、常量和运算符组成，下面分别予以介绍。

➤ 函数：Excel 中包含的许多预定义公式，可以对一个或多个数据执行运算，并返回一个或多个值。函数可以简化或缩短工作表中的公式。

➤ 参数：函数中用来执行操作或计算单元格或单元格区域的数值。

➤ 常量：在公式中直接输入的数字或文本值。

➤ 运算符：用来连接公式中准备进行计算的符号或标记，可以表达公式内执行计算的类型，包括算术、比较、文本连接和引用运算符。

1. 算术运算符

算术运算符用于完成基本的数学运算，如加、减、乘、除等运算，算术运算符的基本含义如表 11-1 所示。

表 11-1　算术运算符

算术运算符	含　义	示　例
＋（加号）	加法	9＋6
－（减号）	减法或负号	9－6；－5
＊（星号）	乘法	3＊9
／（正斜号）	除法	6/3
％（百分号）	百分比	69％
＾（脱字号）	乘方	5^2
！（阶乘）	连续乘法	3！＝3＊2＊1

2. 文本连接运算符

文本连接运算符可以将一个或多个文本连接为一个组合文本，文本连接运算符使用和号"&"连接一个或多个文本字符串，从而产生新的文本字符串，文本连接运算符的基本含义如表 11-2 所示。

表 11-2　文本连接运算符

文本连接运算符	含　义	示　例
＆（和号）	将两个文本连接起来产生一个连续的文本值	"漂"＆"亮"得到【漂亮】

3. 比较运算符

比较运算符用于比较两个数值间的大小关系，并产生逻辑值 TRUE（真）或 FALSE（假），比较运算符的基本含义如表 11-3 所示。

表 11-3　比较运算符

比较运算符	含　义	示　例
= （等号）	等于	A1 = B1
> （大于号）	大于	A1 > B1
< （小于号）	小于	A1 < B1
> = （大于等于号）	大于或等于	A1 > = B1
< = （小于等于号）	小于或等于	A1 < = B1
< > （不等号）	不等于	A1 < > B1

4. 引用运算符

引用运算符是指对多个单元格区域进行合并计算的运算符号，例如 F1 = A1 + B1 + C1 + D1，使用引用运算符后，可以将公式变更为 F1 = SUM （A1 : D1），引用运算符的基本含义如表 11-4 所示。

表 11-4　引用运算符

引用运算符	含　义	示　例
: （冒号）	区域运算符，生成对两个引用之间所有单元格的引用	A1 : A2
, （逗号）	联合运算符，用于将多个引用合并为一个引用	SUM （A1 : A2,A3 : A4）
空格	交集运算符，生成在两个引用中共有的单元格引用	SUM （A1 : A6 B1 : B6）

11.2.2　输入与编辑公式

在表格中输入公式的方法如下。

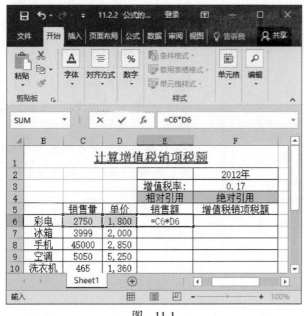

图　11-1

1 输入 " = C6 * D6"，按下回车键。

打开素材表格，选中 E6 单元格，在其中输入 " = C6 * D6"，此时相对引用了公式中的单元格 C6 和 D6，然后按下回车键，如图 11-1 所示。

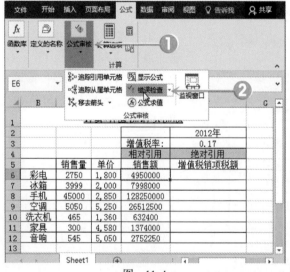

图 11-2

2 选中 E6，将鼠标指针移至单元格右下角，双击十字形状。

此时 E6 单元格中显示计算结果，选中 E6，将鼠标指针移至单元格右下角，鼠标变为十字形状，双击十字形状，如图 11-2 所示。

图 11-3

3 I6：I12 全部显示计算结果。

可以看到 I6：I12 已经全部显示计算结果，通过以上步骤即可完成输入公式计算数据的操作，如图 11-3 所示。

11.2.3 公式的审核

如果表格中的公式出现错误，我们需要对公式进行检查和审核，以及追踪错误产生的原因，以便对错误进行修正。

图 11-4

1 单击【错误检查】按钮。

❶ 打开素材表格，在【公式】选项卡下单击【公式审核】下拉按钮。

❷ 在弹出的选项中单击【错误检查】按钮，如图 11-4 所示。

图　11-5

2 单击【确定】按钮完成审核公式的操作。

弹出【Microsoft Excel】对话框，提示"已完成对整个工作表的错误检查"，单击【确定】按钮，即可完成对公式进行审核的操作，如图 11-5 所示。

11.2.4　自动求和

在 Excel 2016 中，利用【自动求和】按钮可以快速将指定单元格求和，下面详细介绍自动求和的操作方法。

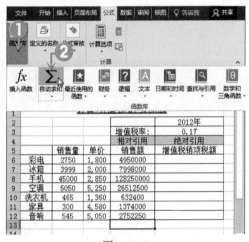

图　11-6

1 启动 Word 文档编辑器，进入主界面窗口。

① 选中单元格，在【公式】选项卡下单击【函数库】下拉按钮

② 在弹出的选项中单击【自动求和】按钮，如图 11-6 所示。

2 出现求和公式，按下回车键。

被选中的单元格中出现求和公式，按下回车键，如图 11-7 所示。

图　11-7

	B	C	D	E	F
5		销售量	单价	销售额	增值税销项税额
6	彩电	2750	1,800	4950000	
7	冰箱	3999	2,000	7998000	
8	手机	45000	2,850	128250000	
9	空调	5050	5,250	26512500	
10	洗衣机	465	1,360	632400	
11	家具	300	4,580	1374000	
12	音响	545	5,050	2752250	
13				172469150	
14					

图 11-8

3 完成自动求和的操作。

通过以上步骤即可完成进行自动求和的操作，如图 11-8 所示。

智慧锦囊

求和的其他方法

用户还可以选定准备求和的一列数据的下方单元格或者一行数据的右侧单元格，单击【开始】选项卡下的【编辑】组中【求和】按钮，即可在选定区域下方或右侧的空白单元格中显示相应的求和结果。

Section 11.3 使用函数计算数据

手机扫描右侧二维码，观看本节视频课程：1 分 37 秒

在 Excel 2016 中，可以使用内置函数对数据进行分析和计算，函数是按照特定语法进行计算的一种表达式，函数计算数据的方式与公式计算数据的方式大致相同，函数的使用不仅简化了公式，而且节省了计算时间，从而提高了工作效率。

11.3.1 函数的分类

在 Excel 2016 中，为了方便不同的计算，系统提供了非常丰富的函数，一共有三百多个，下面介绍主要的函数分类，如表 11-5 所示。

表 11-5 函数的分类

分 类	功 能
信息函数	返回单元格中的数据类型，并对数据类型进行判断
财务函数	对财务进行分析和计算
自定义函数	使用 VBA 进行编写并完成特定功能
逻辑函数	用于进行数据逻辑方面的运算
查找与引用函数	用于查找数据或单元格引用
文本和数据函数	用于处理公式中的字符、文本或对数据进行计算与分析
统计函数	对数据进行统计分析
日期与时间函数	用于分析和处理时间和日期值
数学与三角函数	用于进行数学计算

11.3.2 了解函数的语法结构

在 Excel 2016 中，调用函数时需要遵守 Excel 所制定的函数语法结构，否则将会产生语

法错误，函数的语法结构由等号、函数名称、括号、参数组成，下面详细介绍其组成部分，如图 11-8 所示。

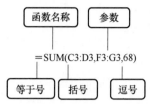

> 等号：函数一般以公式的形式出现，必须在函数名称前面输入 "="。
> 函数名称：用来标识调用功能函数的名称。
> 参数：可以是数字、文本、逻辑值和单元格引用，也可以是公式或其他函数。
> 括号：用来输入函数参数，各参数之间需用逗号（必须是半角状态下的逗号）隔开。
> 逗号：各参数之间用来表示间隔的符号。

11.3.3　输入函数

Excel 2016 提供了几百个函数，想熟练掌握所有的函数难度很大，可以使用 Excel 2016 中的【插入函数】按钮，在列表中选择函数插入到单元格中。下面详细介绍使用【插入函数】功能输入函数的操作方法。

图　11-9

1 单击【函数库】下拉按钮，单击【插入函数】按钮。

❶ 选中要插入函数的单元格，在【公式】选项卡下单击【函数库】下拉按钮。

❷ 在弹出的选项中单击【插入函数】按钮，如图 11-9 所示。

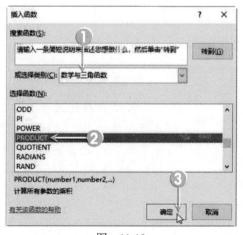

图　11-10

2 弹出【插入函数】对话框，选择函数，单击【确定】按钮。

❶ 弹出【插入函数】对话框，在【或选择类别】下拉列表框中选择【数学与三角函数】选项。

❷ 在【选择函数】列表框中选择准备插入的函数。

❸ 单击【确定】按钮，如图 11-10 所示。

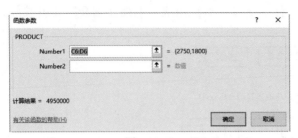

图 11-11

3 单击【确定】按钮。

弹出【函数参数】对话框，单击【确定】按钮，如图 11-11所示。

图 11-12

4 完成输入函数的操作。

通过以上步骤即可完成输入函数的操作，如图 11-12 所示。

11.3.4 输入嵌套函数

函数的嵌套是指在一个函数中使用另一函数的值作为参数。公式中最多可以包含七级嵌套函数，当函数 B 作为函数 A 的参数时，函数 B 称为第二级函数，如果函数 C 又是函数 B 的参数，则函数 C 称为第三级函数，依次类推，下面详细介绍使用嵌套函数的方法。

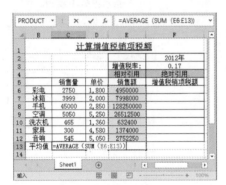

图 11-13

1 输入嵌套函数，按下回车键。

选择 C13 单元格，输入嵌套函数 "= AVERAGE （SUM （E6：E13））"，按下回车键，如图 11-13所示。

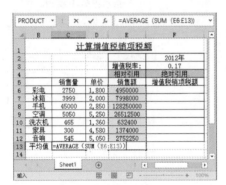

图 11-14

2 完成输入嵌套函数的操作。

可以看到被选中的单元格中显示计算结果，通过以上步骤即可完成输入嵌套函数的操作，如图 11-14 所示。

Web 函数

除了前面介绍的函数分类之外，Excel 2016 还包括一些其他函数，如 Web 函数，Web 函数是 Excel 2013 版本中新增的一个函数类别，可以通过网页链接直接用公式获取数据，无须编程，且无须启用宏。

Section 11.4 排序和筛选数据

手机扫描右侧二维码，观看本节视频课程：4 分 14 秒

如何对特定数据进行比较、汇总是 Excel 应用中的一大难点。可以使工作表中的数据记录按照规定的顺序排列数据，从而使工作表条理清晰。本节将介绍单条件排序、多条件排序、自定义序列排序、自动筛选等内容。

11.4.1 单条件排序

设置单条件排序的方法如下。

图 11-15

图 11-16

1 单击【排序】按钮。

❶ 打开素材表格，在【数据】选项卡下单击【排序和筛选】下拉按钮。

❷ 在弹出的选项中单击【排序】按钮，如图 11-15 所示。

2 设置排序条件，单击【确定】按钮。

❶ 弹出【排序】对话框，在【主要关键字】列表框中选择【语文】选项。

❷ 在【排序依据】列表框中选择【单元格值】选项。

❸ 在【次序】选项中选择【升序】选项。

❹ 单击【确定】按钮，如图 11-16 所示。

	A	B	C	D	E
1	姓名	语文	数学	英语	总分
2	马小林	60	99	100	298
3	周全	76	79	85	243
4	张鑫	83	65	90	220
5	王刚	96	95	96	286
6	白冰	96	100	45	245
7	肖薇	97	90	91	271
8	吴婷婷	98	89	79	257
9	李明	100	83	95	261

图 11-17

3 返回表格，查看表中数据。

返回表格，可以看到表中数据已经按照语文成绩进行升序排序，如图 11-17 所示。

11.4.2 多条件排序

如果在排序字段里出现相同的内容，则会保持着它们的原始次序。如果用户还要对这些相同内容按照一定条件进行排序，则要用到多条件排序。

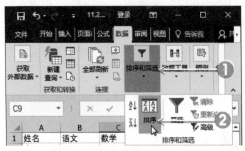

图 11-18

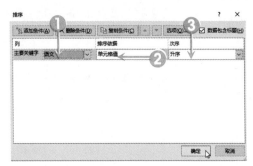

图 11-19

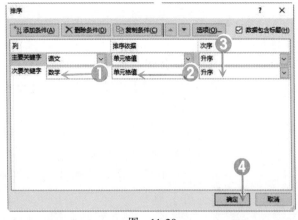

图 11-20

1 单击【排序】按钮。

❶ 打开素材表格，在【数据】选项卡下单击【排序和筛选】下拉按钮。

❷ 在弹出的选项中单击【排序】按钮，如图 11-18 所示。

2 设置排序条件。

❶ 弹出【排序】对话框，在【主要关键字】列表框中选择【语文】选项。

❷ 在【排序依据】列表框中选择【单元格值】选项。

❸ 在【次序】选项中选择【升序】选项，如图 11-19 所示。

3 设置排序条件，单击【确定】按钮。

❶ 单击【添加条件】按钮，在【次要关键字】列表框中选择【数学】选项。

❷ 在【排序依据】列表框中选择【单元格值】选项。

❸ 在【次序】选项中选择【升序】选项。

❹ 单击【确定】按钮，如图 11-20 所示。

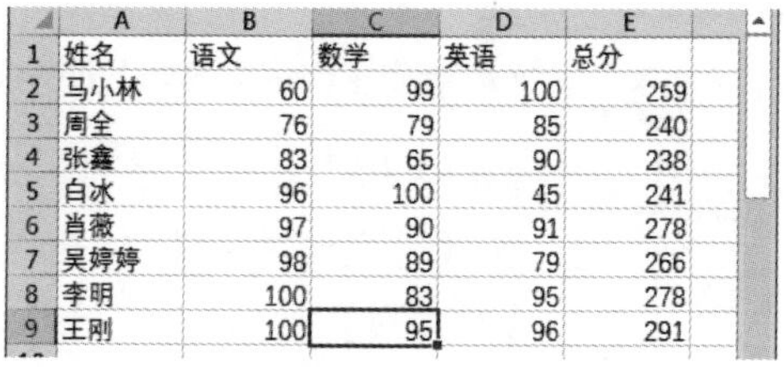

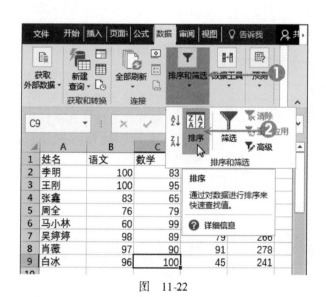

图　11-21

4 完成多条件排序的操作。

　　返回表格，可以看到表中数据已经按照以语文成绩为主要条件、以数学成绩为次要条件进行升序排序，通过以上步骤即可完成多条件排序的操作，如图 11-21 所示。

11.4.3　自定义序列进行排序

　　数据的排序方式除了按照数字大小和拼音字母顺序外，还会涉及一些特殊的顺序，此时就要用到自定义排序。

1 单击【排序】按钮。

❶ 打开素材表格，在【数据】选项卡下单击【排序和筛选】下拉按钮。

❷ 在弹出的选项中单击【排序】按钮，如图 11-22 所示。

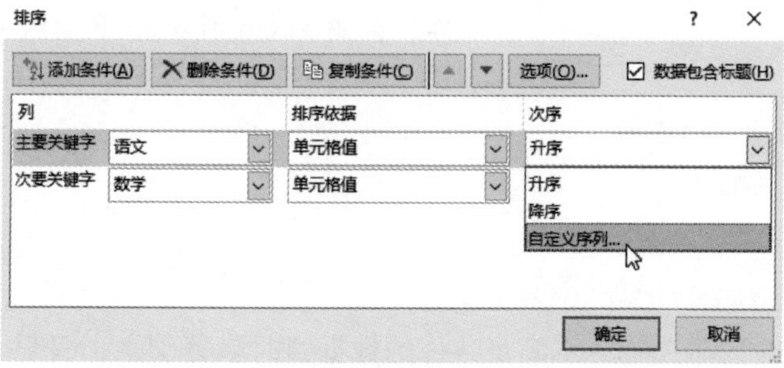

图　11-22

2 选择【自定义序列】选项。

　　弹出【排序】对话框，在第 1 个排序条件中的【次序】下拉列表框中选择【自定义序列】选项，如图 11-23 所示。

图　11-23

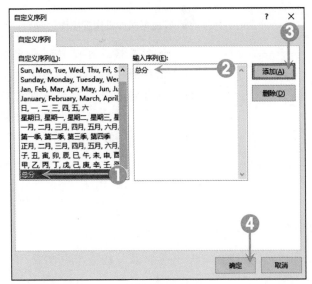

图　11-24

3 弹出【自定义序列】对话框。

❶ 弹出【自定义序列】对话框，在【自定义序列】列表框中选择【新序列】选项。

❷ 在【输入序列】文本框中输入"总分"。

❸ 单击【添加】按钮，此时新定义的序列即添加在了【自定义序列】列表框中。

❹ 单击【确定】按钮，如图 11-24 所示。

图　11-25

4 单击【确定】按钮。

返回【排序】对话框，此时第一个排序条件中的【次序】下拉列表框自动选择【总分】选项，单击【确定】按钮，如图 11-25 所示。

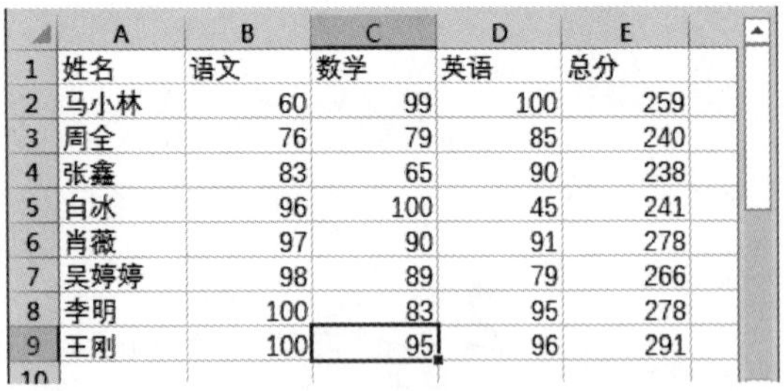

	A	B	C	D	E
1	姓名	语文	数学	英语	总分
2	马小林	60	99	100	259
3	周全	76	79	85	240
4	张鑫	83	65	90	238
5	白冰	96	100	45	241
6	肖薇	97	90	91	278
7	吴婷婷	98	89	79	266
8	李明	100	83	95	278
9	王刚	100	95	96	291
10					

图　11-26

5 完成按自定义序列进行排序的操作。

返回表格，通过以上步骤即可完成按自定义序列进行排序的操作，如图 11-26 所示。

11.4.4　自动筛选

自动筛选一般用于简单的条件筛选，筛选时将不满足条件的数据暂时隐藏起来，只显示符合条件的数据。

图 11-27

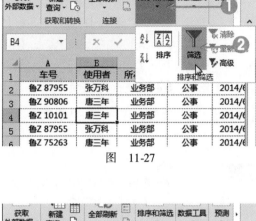

图 11-28

1 单击【排序和筛选】下拉按钮，单击【筛选】按钮。

❶ 打开素材表格，将光标定位在数据区域的任意单元格中，在【数据】选项卡下单击【排序和筛选】下拉按钮。

❷ 在弹出的选项中单击【筛选】按钮，如图 11-27 所示。

2 单击【所在部门】右侧的下拉按钮，选择筛选条件。

❶ 此时工作表进入筛选状态，各标题字段的右侧出现一个下拉按钮，单击【所在部门】右侧的下拉按钮。

❷ 在弹出的筛选条件中取消勾选【宣传部】【业务部】和【营销部】复选框。

❸ 单击【确定】按钮，如图 11-28 所示。

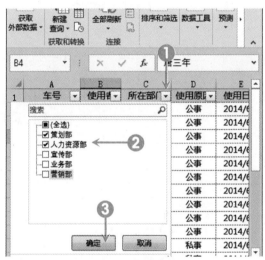

图 11-29

3 完成自动筛选的操作。

返回工作表，此时所在部门为"策划部"和"人力资源部"的车辆使用明细数据的筛选结果如图 11-29 所示。

11.4.5 自定义筛选

自定义筛选一般用于条件复杂的筛选操作，其筛选的结果可以显示在原数据表格中，不符合条件的记录同时保留在数据表中而不会被隐藏起来，这样更便于进行数据比对。

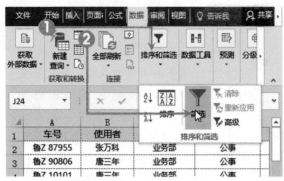

图 11-30

1 单击【筛选】按钮。

❶ 打开素材表格，将光标定位在数据区域的任意单元格中，在【数据】选项卡下单击【排序和筛选】下拉按钮。

❷ 在弹出的选项中单击【筛选】按钮，如图 11-30 所示。

图 11-31

2 选择【数字筛选】菜单项，选择【大于】菜单项。

各标题字段的右侧出现一个下拉按钮，单击【车辆消耗费】右侧的下拉按钮。在弹出的筛选条件中选择【数字筛选】菜单项。在子菜单中选择【大于】菜单项，如图 11-31 所示。

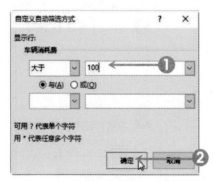

图 11-32

3 输入数值。

❶ 弹出【自定义自动筛选方式】对话框，将条件设置为大于，在数值框中输入 100。

❷ 单击【确定】按钮，如图 11-32 所示。

图 11-33

4 显示车辆消耗费大于 100 元的数据。

表格自动显示车辆消耗费大于 100 元的数据，如图 11-33 所示。

Section 11.5 分类汇总

手机扫描右侧二维码，观看本节视频课程：1 分 53 秒

分类汇总是指根据指定的类别将数据以指定的方式进行统计，这样可以快速将大型表格中的数据进行汇总与分析，以获得想要的统计数据。分类汇总可以使工作表更加有条理，便于数据的分析与处理。

11.5.1 简单分类汇总

创建分类汇总的方法如下。

图 11-34

1 单击【排序和筛选】下拉按钮，单击【排序】按钮。

❶ 打开素材表格，将光标定位在数据区域的任意单元格中，在【数据】选项卡下单击【排序和筛选】下拉按钮。

❷ 在弹出的选项中单击【排序】按钮，如图 11-34 所示。

图 11-35

2 弹出【排序】对话框，设置汇总条件，单击【确定】按钮。

❶ 弹出【排序】对话框，在【主要关键字】列表框中选择【所在部门】选项，在【排序依据】列表框中选择【单元格值】选项，在【次序】列表框中选择【升序】选项。

❷ 单击【确定】按钮，如图 11-35 所示。

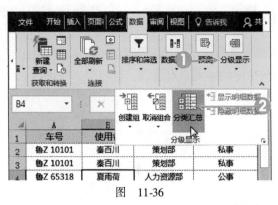

图 11-36

3 单击【分类汇总】按钮。

❶ 返回工作表，此时表格中的数据已经根据 C 列中"所在部门"的拼音首字母进行升序排列，在【数据】选项卡下单击【分级显示】下拉按钮。

❷ 在弹出的选项中单击【分类汇总】按钮，如图 11-36 所示。

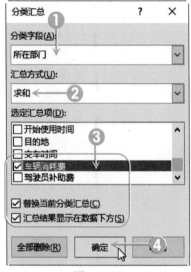

图 11-37

4 设置条件，单击【确定】按钮。

❶ 弹出【分类汇总】对话框，在【分类字段】列表框中选择【所在部门】选项。

❷ 在【汇总方式】列表框中选择【求和】选项。

❸ 在【选定汇总项】列表框中勾选【车辆消耗费】复选框，勾选【替换当前分类汇总】和【汇总结果显示在数据下方】复选框。

❹ 单击【确定】按钮，如图 11-37 所示。

图 11-38

5 查看汇总效果。

返回到工作表，汇总效果如图 11-38 所示。

11.5.2　多重分类汇总

用户可使用多个条件对表格数据进行分类汇总，下面介绍设置多重分类汇总的方法。

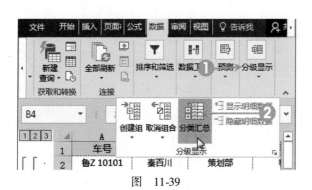

图 11-39

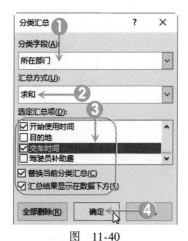

图 11-40

1 单击【分类汇总】按钮。

❶ 在【数据】选项卡下单击【分级显示】下拉按钮。

❷ 在弹出的选项中单击【分类汇总】按钮，如图 11-39 所示。

2 弹出【分类汇总】对话框，设置汇总条件。

❶ 弹出【分类汇总】对话框，在【分类字段】列表框中选择【所在部门】选项。

❷ 在【汇总方式】列表框中选择【求和】选项。

❸ 在【选定汇总项】列表框中勾选【开始使用时间】和【交车时间】复选框，勾选【替换当前分类汇总】和【汇总结果显示在数据下方】复选框。

❹ 单击【确定】按钮，如图 11-40 所示。

图 11-41

3 查看汇总效果。

返回工作表，查看汇总效果，如图 11-41 所示。

11.5.3 清除分类汇总

如果用户不再需要将工作表中的数据以分类汇总的方式显示，则可将刚刚创建的分类汇总删除。

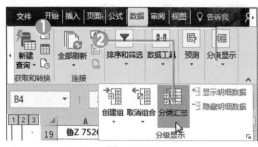

图　11-42

图　11-43

1 单击【分级显示】下拉按钮。

❶ 打开表格素材，在【数据】选项卡下单击【分级显示】下拉按钮。

❷ 在弹出的选项中单击【分类汇总】按钮，如图 11-42 所示。

2 单击【全部删除】按钮。

弹出【分类汇总】对话框，单击【全部删除】按钮，如图 11-43 所示。

图　11-44

3 查看删除效果。

返回工作表，分类汇总已经删除，如图 11-44 所示。

Section
11.6　设计与制作图表

手机扫描右侧二维码，观看本节视频课程：3 分 11 秒

Excel 2016 具有许多高级的制图功能，可以直观地将工作表中的数据用图形表示出来，还能够清晰地反映数据的变化规律和发展趋势，使其更具说服力。使用图表功能可以制作产品统计分析表、预算分析表、工资分析表等。

11.6.1　图表的构成元素

在 Excel 2016 中，使用图表可以清楚地表达出数据的变化关系，还可以分析数据的规律，进行预测。

Excel 2016 提供了柱形图、折线图、饼图、条形图、面积图、XY 散点图、股价图、曲面图、雷达图、树状图、旭日图、直方图、箱形图、瀑布图 14 种图表类型以及组合图表类

型，需要根据图表的特点选择合适的图表类型。

在 Excel 2016 中，图表由图表标题、数据系列、图例项和坐标轴等部分组成，如图 11-45 所示。

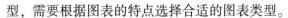
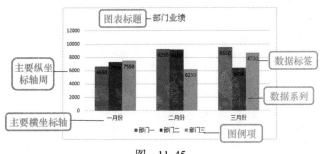

图 11-45

11.6.2 创建图表

通常情况下，使用柱形图来比较数据间的数量关系；使用直线图来反映数据间的趋势关系；使用饼图来表示数据间的分配关系。在 Excel 2016 中创建图表的方法如下。

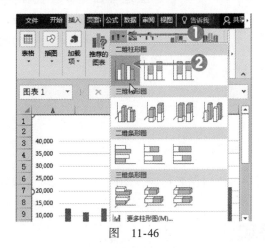

图 11-46

1 选择创建的图表类型。

❶ 打开素材表格，选中 A1：B13 单元格区域，在【插入】选项卡下的【图表】组中单击【柱形图】下拉按钮。

❷ 在弹出的下拉列表中单击【簇状柱形图】选项，如图 11-46 所示。

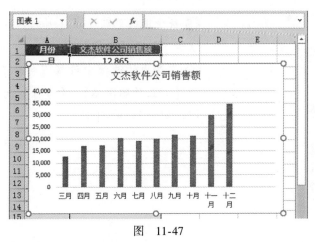

图 11-47

2 完成创建图表的操作。

可以看到在工作表中已经插入了一个簇状柱形图，通过以上步骤即可完成创建图表的操作，如图 11-47 所示。

11.6.3   编辑图表大小

图表创建完成后，可以根据需要调整图表的位置和大小。

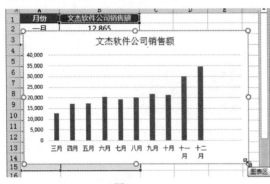

图   11-48

1 按住鼠标向左上或右下拖动。

单击选中图表，此时图表区的四周会出现 8 个控制点，将鼠标指针移至图表的右下角，按住鼠标向左上或右下拖动，如图 11-48 所示。

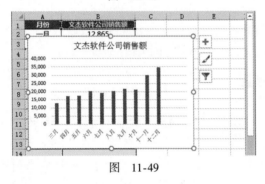

图   11-49

2 释放鼠标。

至适当位置释放鼠标，可以看到图表已经缩放，通过以上步骤即可完成编辑图表大小的操作，如图 11-49 所示。

11.6.4   美化图表

为了使创建的图表看起来更加美观，用户可以对图表标题、图例、图表区域、数据系列等项目进行设置。

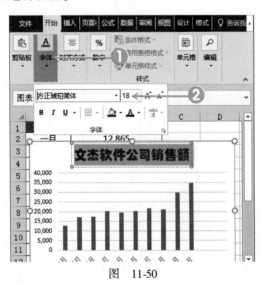

图   11-50

1 设置字体和字号。

❶ 选中图表标题，在【开始】选项卡下单击【字体】下拉按钮。
❷ 在弹出的选项中设置【字体】为【方正琥珀简体】，【字号】为 18，如图 11-50 所示。

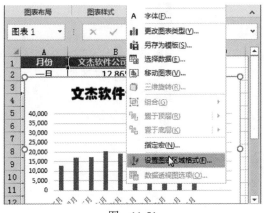

图　11-51

2 选择【设置图表区域格式】菜单项。

鼠标右键单击图表，在弹出的快捷菜单中选择【设置图表区域格式】菜单项，如图 11-51 所示。

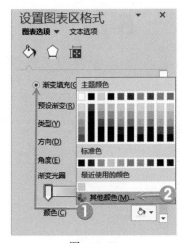

图　11-52

3 设置填充颜色。

❶ 弹出【设置图表区格式】窗格，在【填充】选项卡下单击【渐变填充】单选按钮。

❷ 在【颜色】下拉列表框中选择【其他颜色】选项，如图 11-52 所示。

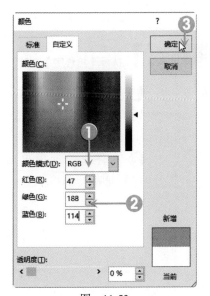

图　11-53

4 设置颜色参数，单击【确定】按钮。

❶ 弹出【颜色】对话框，在【自定义】选项卡下的【颜色模式】列表框中选择【RGB】选项。

❷ 在【红色】【绿色】和【蓝色】微调框中输入数值。

❸ 单击【确定】按钮，如图 11-53 所示。

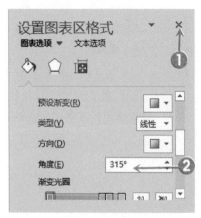

图　11-54

5 设置角度。

❶ 返回【设置图表区格式】窗格，在【角度】微调框中输入315°。

❷ 单击窗格右上角的关闭按钮，如图11-54所示。

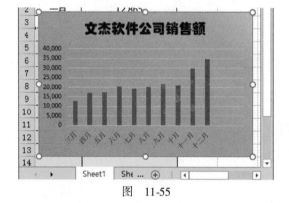

图　11-55

6 查看效果。

返回工作表中，效果如图11-55所示。

11.6.5　创建和编辑迷你图

下面详细介绍创建和编辑迷你图的操作方法。

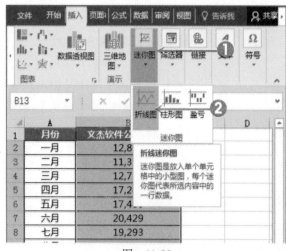

图　11-56

1 选择【折线图】选项。

❶ 选中B2:B13单元格区域，在【插入】选项卡下单击【迷你图】下拉按钮。

❷ 在弹出的选项中选择【折线图】选项，如图11-56所示。

图　11-57

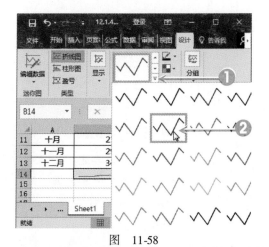

图　11-58

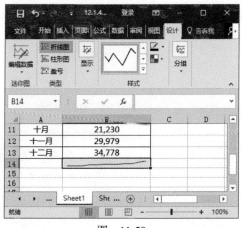

图　11-59

2 输入单元格位置，单击【确定】按钮。

❶ 弹出【创建迷你图】对话框，在【位置范围】文本框中输入单元格位置如【B14】。

❷ 单击【确定】按钮，如图 11-57 所示。

3 选择迷你图样式。

❶ 可以看到在 B14 单元格中已经插入了迷你折线图，选中该单元格，在【设计】选项卡下的【样式】组中单击【样式】下拉按钮。

❷ 在弹出的样式库中选择一种样式，如图 11-58 所示。

4 查看样式效果。

可以看到折线图的样式已经更改，通过以上步骤即可完成创建并编辑迷你图的操作，如图 11-59 所示。

Section
11.7 **实践案例与上机指导**
手机扫描右侧二维码，观看本节视频课程：2 分 53 秒

通过本章学习，读者不但掌握了数据排序和筛选，还可以熟练进行分类汇总操作。在本节中，将结合实际工作和应用，通过上机练习，对本章所学知识点进一步掌握和巩固。

11.7.1 　计算加班费

　　计算加班费须谨慎，避免出错，让员工得到应得的酬劳。下面详细介绍计算员工加班费的操作方法。

图　11-60

1 在单元格 **H5** 中输入公式。

　　打开素材表格，在单元格 H5 中输入 " = 1020/22/12 * 200% * 12"，如图 11-60 所示。

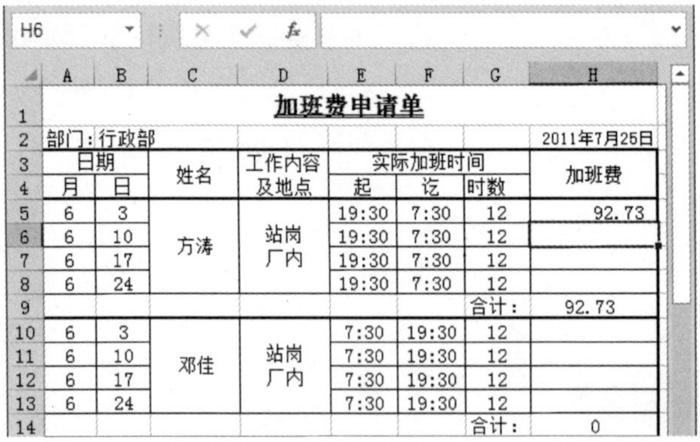

图　11-61

2 显示计算数据。

　　按下回车键，可以看到 H5 单元格中显示计算数据，同时 H9 单元格的数据被更改，如图 11-61 所示。

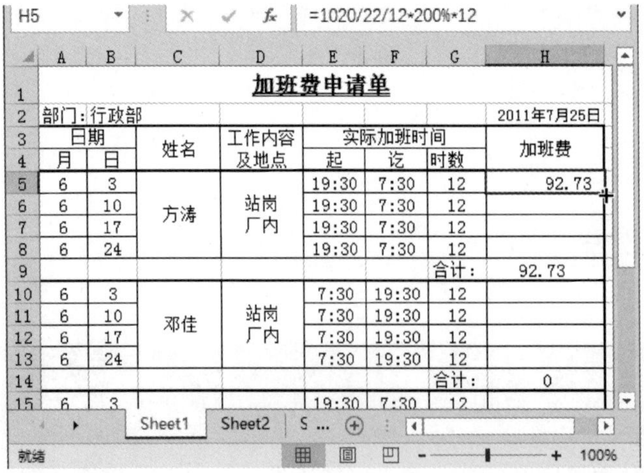

图　11-62

3 填充 **H6**：**H8** 的数据。

　　选中 H5 单元格，将鼠标指针移至单元格右下角，鼠标变为十字形状，拖曳鼠标填充 H6：H8 的数据，如图 11-62 所示。

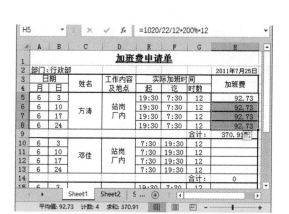

图 11-63

4 **H9 数据发生改变。**

可以看到 H6:H8 的数据已经被填充完毕，同时 H9 的数据也发生改变，如图 11-63 所示。

11.7.2 制作员工工资表

本节将以制作员工工资表为例，展示如何应用 Excel 制作表格并计算数据。

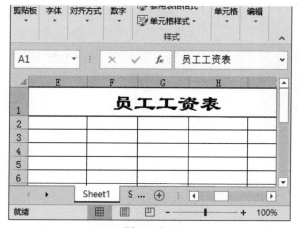

图 11-64

1 合并单元格区域，输入文字，设置文字格式。

打开素材工作簿，在 Sheet1 工作表中合并 A1:L1 单元格区域，输入"员工工资表"，并设置字体为隶书，字号为 24，单击【加粗】按钮，得到表格标题效果，如图 11-64 所示。

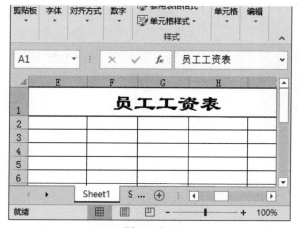

图 11-65

2 复制 Sheet2 工作表中的数据到 Sheet1 工作表中。

将 Sheet2 工作表中的数据内容复制到 Sheet1 工作表中，如图 11-65 所示。

K11		f_x	57.5	

	H	I	J	K	L
2	应发工资	五险一金应扣合计	税前应发工资	个人所得税	实发工资
3	¥ 4,950.00	¥ 891.00	¥ 4,059.00	¥ 16.77	
4	¥ 4,200.00	¥ 756.00	¥ 3,444.00	¥ -	
5	¥ 4,950.00	¥ 891.00	¥ 4,059.00	¥ 16.77	
6	¥ 4,490.00	¥ 808.20	¥ 3,681.80	¥ 5.45	
7	¥ 4,800.00	¥ 864.00	¥ 3,936.00	¥ 13.08	
8	¥ 4,400.00	¥ 792.00	¥ 3,608.00	¥ 3.24	
9	¥ 5,100.00	¥ 918.00	¥ 4,182.00	¥ 20.46	
10	¥ 5,650.00	¥ 1,017.00	¥ 4,633.00	¥ 33.99	
11	¥ 6,250.00	¥ 1,125.00	¥ 5,125.00	¥ 57.50	
12	¥ 7,350.00	¥ 1,323.00	¥ 6,027.00	¥ 147.70	
13	¥ 5,650.00	¥ 1,017.00	¥ 4,633.00	¥ 33.99	
14					
15					

图 11-66

3 输入文本和数据。

在 H2∶K2 单元格区域内输入"应发工资""五险一金应扣合计""税前应发工资""个人所得税"，在 H3∶K3 单元格区域内输入数据，如图 11-66 所示。

L13		f_x	=J13-K13	

	H	I	J	K	L
2	应发工资	五险一金应扣合计	税前应发工资	个人所得税	实发工资
3	¥ 4,950.00	¥ 891.00	¥ 4,059.00	¥ 16.77	¥ 4,042.23
4	¥ 4,200.00	¥ 756.00	¥ 3,444.00	¥ -	¥ 3,444.00
5	¥ 4,950.00	¥ 891.00	¥ 4,059.00	¥ 16.77	¥ 4,042.23
6	¥ 4,490.00	¥ 808.20	¥ 3,681.80	¥ 5.45	¥ 3,676.35
7	¥ 4,800.00	¥ 864.00	¥ 3,936.00	¥ 13.08	¥ 3,922.92
8	¥ 4,400.00	¥ 792.00	¥ 3,608.00	¥ 3.24	¥ 3,604.76
9	¥ 5,100.00	¥ 918.00	¥ 4,182.00	¥ 20.46	¥ 4,161.54
10	¥ 5,650.00	¥ 1,017.00	¥ 4,633.00	¥ 33.99	¥ 4,599.01
11	¥ 6,250.00	¥ 1,125.00	¥ 5,125.00	¥ 57.50	¥ 5,067.50
12	¥ 7,350.00	¥ 1,323.00	¥ 6,027.00	¥ 147.70	¥ 5,879.30
13	¥ 5,650.00	¥ 1,017.00	¥ 4,633.00	¥ 33.99	¥ 4,599.01
14					
15					

图 11-67

4 计算数据并填充。

在 L3 单元格中输入"=J3-K3"，按下回车键即可显示计算结果，将该公式填充至 L4∶L13 区域内，如图 11-67 所示。

11.7.3　复制公式

在 Excel 2016 中，可以直接将一个单元格中的公式应用到其他单元格中，从而提高公式的输入速度，加快工作效率。下面介绍复制公式的操作方法。

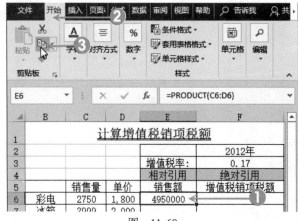

图 11-68

1 在【剪贴板】组中单击【复制】按钮。

❶ 打开素材，选择准备复制的公式所在的单元格。

❷ 选择【开始】选项卡。

❸ 在【剪贴板】组中单击【复制】按钮，如图 11-68 所示。

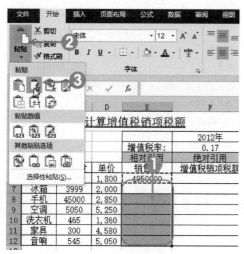

图　11-69

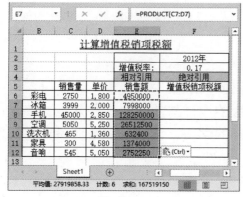

图　11-70

2 单击【粘贴】按钮下拉按钮，单击
【公式】按钮。

❶ 选择准备粘贴公式的目标单元
格区域。

❷ 在【剪贴板】组中，单击
【粘贴】按钮下拉按钮。

❸ 在弹出的下拉列表中，单击
【公式】按钮，如图 11-69 所示。

3 完成复制公式的操作。

通过上述操作即可完成复制公
式的操作，在编辑栏中显示复制的
公式，在单元格区域中显示公式
的计算结果，如图 11-70 所示。

第12章 ⑫

用PowerPoint 2016制作幻灯片

本章内容导读

本章主要介绍了演示文稿的基本操作、设置字体及段落格式和美化幻灯片效果,以及母版的设计与使用、保护演示文稿、设置黑白模式的方法。通过本章的学习,读者可以掌握设计与制作幻灯片的知识。

本章知识要点

(1) 演示文稿的基本操作
(2) 设置字体及段落格式
(3) 美化幻灯片效果
(4) 母版的设计与使用
(5) 设置页面切换和动画效果
(6) 放映演示文稿

Section 12.1　演示文稿的基本操作

手机扫描右侧二维码，观看本节视频课程：2 分 28 秒

PowerPoint 2016 是制作和演示幻灯片的办公软件，能够制作出集文字、图像、声音以及视频剪辑等多媒体元素于一体的演示文稿。

12.1.1　创建与保存演示文稿

创建与保存演示文稿的方法如下。

图　12-1

图　12-2

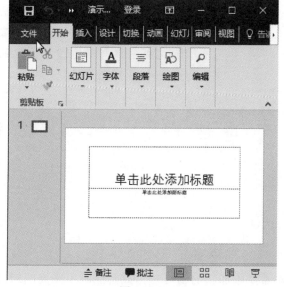

图　12-3

1 单击 PowerPoint 2016 程序。

❶ 在电脑桌面上，单击【开始】按钮。

❷ 在【所有程序】列表中单击【PowerPoint 2016】程序，如图 12-1 所示。

2 单击【空白演示文稿】模板。

进入 PowerPoint 2016 创建界面，在提供的模板中单击【空白演示文稿】模板，如图 12-2 所示。

3 完成创建演示文稿的操作，单击【文件】选项卡。

通过以上步骤即可完成创建演示文稿的操作，单击【文件】选项卡，如图 12-3 所示。

图 12-4

4 单击【浏览】按钮。

❶ 进入 Backstage 视图，选择
【保存】选项卡，自动跳转到
【另存为】选项卡。

❷ 单击【浏览】按钮，如图 12-4
所示。

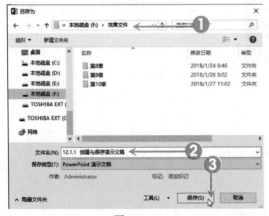

图 12-5

5 输入名称，单击【保存】按钮。

❶ 弹出【另存为】对话框，选择
准备保存的位置。

❷ 在【文件名】文本框输入
名称。

❸ 单击【保存】按钮，如图 12-5
所示。

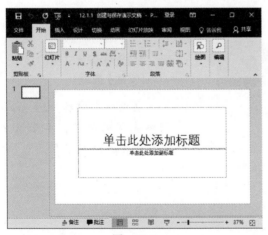

图 12-6

6 完成创建与保存演示文稿的操作。

可以看到演示文稿标题名称
已经发生改变，通过以上步骤即
可完成创建与保存演示文稿的操
作，如图 12-6 所示。

12.1.2 添加和删除幻灯片

用户在制作演示文稿的过程中，经常需要添加新的幻灯片，或者删除不需要的幻灯片。
下面详细介绍添加和删除幻灯片的操作方法。

图　12-7

图　12-8

图　12-9

图　12-10

1 选择【新建幻灯片】菜单项。

　　打开素材文件，鼠标右键单击大纲区的幻灯片缩略图，在弹出的快捷菜单中选择【新建幻灯片】菜单项，如图 12-7 所示。

2 完成添加幻灯片的操作。

　　可以看到大纲区的幻灯片缩略图增加了一张新幻灯片，通过以上步骤即可完成添加幻灯片的操作，如图 12-8 所示。

3 选择【删除幻灯片】菜单项。

　　鼠标右键单击大纲区的幻灯片缩略图，在弹出的快捷菜单中选择【删除幻灯片】菜单项，如图 12-9 所示。

4 完成删除幻灯片的操作。

　　可以看到大纲区的幻灯片缩略图减少了一张，通过以上步骤即可完成删除幻灯片的操作，如图 12-10 所示。

12.1.3 复制和移动幻灯片

在 PowerPoint 2016 中，可以将选中的幻灯片移动到指定位置，还可以为选中的幻灯片创建副本，下面介绍复制和移动幻灯片的操作方法。

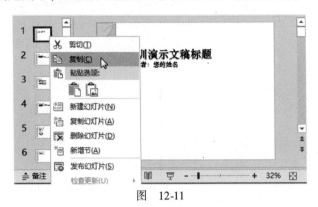

图　12-11

1 选择【复制】菜单项。

鼠标右键单击大纲区的第 1 张幻灯片缩略图，在弹出的快捷菜单中选择【复制】菜单项，如图 12-11 所示。

图　12-12

2 单击【使用目标主题粘贴】按钮。

鼠标右键单击大纲区的第 4 张幻灯片缩略图，在弹出的快捷菜单中单击【粘贴选项】下的【使用目标主题】按钮，如图 12-12 所示。

图　12-13

3 完成复制幻灯片的操作。

可以看到复制的幻灯片出现在第 3 张的位置，通过以上步骤即可完成复制幻灯片的操作，如图 12-13 所示。

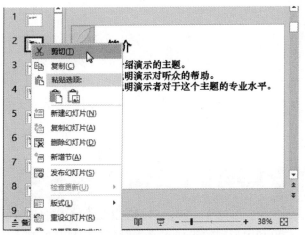

图　12-14

4 单击【剪切】菜单项。

　　鼠标右键单击第 2 张幻灯片的缩略图，在弹出的快捷菜单中单击【剪切】菜单项，如图 12-14 所示。

图　12-15

5 单击【使用目标主题粘贴】按钮。

　　鼠标右键单击第 3 张幻灯片缩略图，在弹出的菜单中的【粘贴选项】下单击【使用目标主题】按钮，如图 12-15 所示。

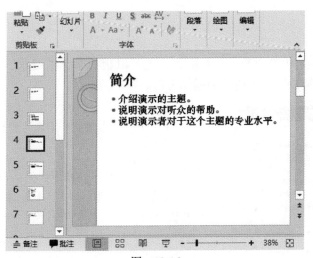

图　12-16

6 完成移动幻灯片的操作。

　　可以看到剪切的幻灯片已经粘贴到第 4 张幻灯片的位置，通过以上步骤即可完成移动幻灯片的操作，如图 12-16 所示。

智慧锦囊

为幻灯片应用统一主题

　　用户可以为所有的幻灯片应用统一主题，选择【设计】选项卡，在【主题】组中单击下拉按钮，在弹出的主题库中选择一种主题，即可为所有幻灯片应用统一的主题。

Section
12.2　**设置字体及段落格式**

手机扫描右侧二维码，观看本节视频课程：1 分 48 秒

　　幻灯片内容一般由一定数量的文本对象和图形对象组成，文本对象是幻灯片的基本组成部分，PowerPoint 提供了强大的格式化功能，允许用户对文本进行格式化，用户可以为文字设置字体及段落格式。

12.2.1　设置文本格式

　　打开素材文件，选中文本，在【开始】选项卡下的【字体】组中设置字体为【方正古隶简体】、字号为【28】，单击【倾斜】按钮，如图 12-17 所示。

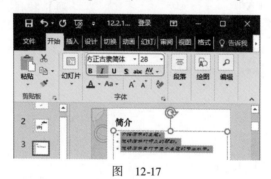

图　12-17

12.2.2　设置段落格式

　　在 PowerPoint 2016 中，不仅可以自定义设置文本的格式，还可以根据具体的要求，对幻灯片的段落格式进行设置，下面介绍设置段落格式的操作方法。

图　12-18

1 单击【段落】按钮，单击【启动器】按钮。

❶ 打开素材文件，选中文本，在【开始】选项卡中单击【段落】下拉按钮。

❷ 在弹出的选项中单击启动器按钮，如图 12-18 所示。

图 12-19

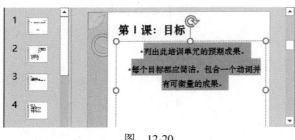

图 12-20

2 设置格式参数，单击【确定】按钮。

① 弹出【段落】对话框，在【缩进和间距】选项卡下选择【居中】选项。

② 在【特殊格式】列表框中选择【无】选项。

③ 在【段前】和【段后】微调框中输入 6 磅，在【行距】列表框中选择【1.5 倍行距】选项。

④ 单击【确定】按钮，如图 12-19 所示。

3 完成设置段落格式的操作。

通过上述操作即可完成设置段落格式的操作，如图 12-20 所示。

12.2.3 段落分栏

在 PowerPoint 2016 中，可以根据版式的要求将文字设置为分栏显示，下面介绍设置文本分栏显示的操作方法。

图 12-21

1 选择【设置文本效果格式】菜单项。

打开素材文件，右键单击选中的文本，在弹出的快捷菜单中选择【设置文字效果格式】菜单项，如图 12-21 所示。

图 12-22

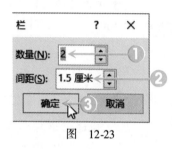

图 12-23

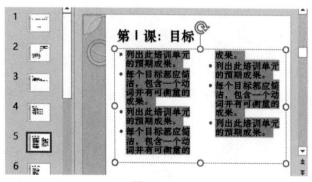

图 12-24

2 单击【分栏】按钮。

弹出【设置形状格式】窗格，在【大小与属性】选项卡下的【文本框】选项组中单击【分栏】按钮，如图 12-22 所示。

3 输入参数。

❶ 弹出【栏】对话框，在【数量】微调框中输入 2。

❷ 在【间距】微调框中输入 1.5 厘米。

❸ 单击【确定】按钮，如图 12-23 所示。

4 完成段落分栏的操作。

可以看到文本已经被分成了两栏显示，通过以上步骤即可完成段落分栏的操作，如图 12-24 所示。

设置文本方向

用户可以设置文本的方向，在【开始】选项卡下单击【段落】下拉按钮，在弹出的选项中单击【文字方向】下拉按钮，在弹出的菜单中选择【竖排】菜单项，即可将文本变为竖排。

Section 12.3　美化幻灯片效果

手机扫描右侧二维码，观看本节视频课程：2 分 32 秒

美观漂亮的演示文稿易于更快更好地介绍宣传者的观点，使用 Power Point 2016 制作幻灯片，可以对幻灯片进行图文混排的美化操作，从而增强幻灯片的艺术效果，本节将介绍美化幻灯片的相关知识。

12.3.1　插入图片

用户可以将自己喜欢的图片保存在电脑中，然后将这些图片插入到 Power Point 2016 演示文稿中。

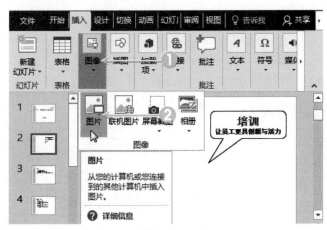

图　12-25

1 单击【图片】按钮。

① 打开素材文件，选中第 2 张幻灯片，在【插入】选项卡下单击【图像】下拉按钮。

② 在弹出的选项中单击【图片】按钮，如图 12-25 所示。

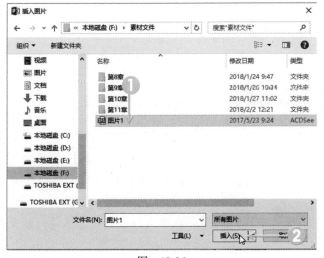

图　12-26

2 选中准备插入的图片，单击【插入】按钮。

① 弹出【插入图片】对话框，选中准备插入的图片。

② 单击【插入】按钮，如图 12-26 所示。

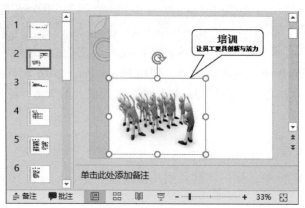

图 12-27

3 移动图片至合适位置，完成插入图片的操作。

可以看到图片已经插入到幻灯片中，移动图片至合适位置，通过上述操作即可完成插入图片的操作，如图 12-27 所示。

12.3.2 插入自选图形

用户还可以在幻灯片中插入自选图形，下面介绍在幻灯片中插入自选图形的方法。

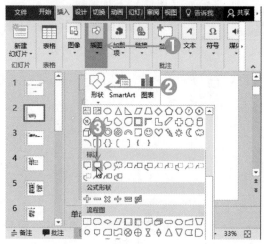

图 12-28

1 选择插入的形状。

❶ 打开素材文件，选中第 2 张幻灯片，在【插入】选项卡下单击【插图】下拉按钮。

❷ 在弹出的选项中单击【形状】下拉按钮，如图 12-28 所示。

❸ 在弹出的形状库中选择一种形状，如图 12-28 所示。

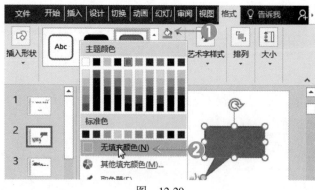

图 12-29

2 绘制图形，设置填充。

❶ 在幻灯片中绘制图形，选中绘制的图形，在【格式】选项卡下的【形状样式】组中单击【形状填充】下拉按钮。

❷ 在弹出的选项中选择【无填充颜色】选项，如图 12-29 所示。

图 12-30

3 选择【编辑文字】菜单项。

鼠标右键单击选中的图形，在弹出的快捷菜单中选择【编辑文字】菜单项，如图 12-30 所示。

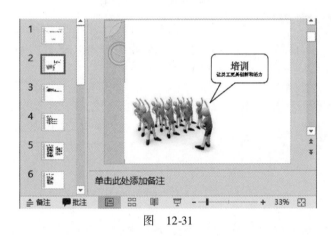

图 12-31

4 输入内容，并设置文本的颜色和字号。

在图形中输入"培训让员工更具创新与活力"，并设置"培训"的颜色为红色、字号为 36，其余文本的颜色为黑色，字号为 18，如图 12-31 所示。

<table>
<tr><td>12.3.3</td><td>**插入表格**</td></tr>
</table>

用户可以将表格插入到 Power Point 2016 演示文稿中，在演示文稿中插入表格的方法如下。

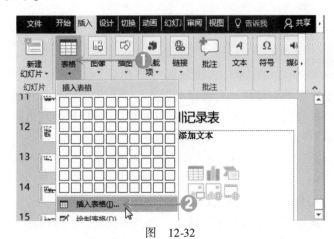

图 12-32

1 选择【插入表格】选项。

❶ 打开素材文件，选中第 16 张幻灯片，在【插入】选项卡下单击【表格】下拉按钮。

❷ 在弹出的选项中选择【插入表格】选项，如图 12-32 所示。

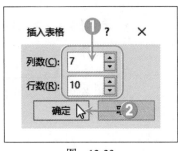

图 12-33

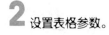

2 设置表格参数。

❶ 弹出【插入表格】对话框，在【列数】微调框中输入7，在【行数】微调框中输入10。

❷ 单击【确定】按钮，如图12-33所示。

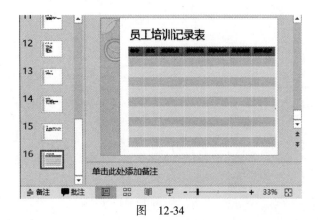

图 12-34

3 在第一行输入标题。

可以看到幻灯片中已经插入了表格，在第一行输入标题，如图12-34所示。

插入艺术字

用户可以在幻灯片中插入艺术字，在【插入】选项卡下单击【文本】下拉按钮，在弹出的选项中单击【艺术字】下拉按钮，在弹出的艺术字库中选择一种艺术字样式，即可在幻灯片中插入艺术字。

Section 12.4　设计与使用母版

手机扫描右侧二维码，观看本节视频课程：1分43秒

所谓幻灯片母版，实际上就是一张特殊的幻灯片，它可以被看作一个用于构建幻灯片的框架。母版是定义演示文稿中所有幻灯片或页面格式的幻灯片视图或页面，使用母版可以统一幻灯片的风格。

12.4.1　母版的类型

在 PowerPoint 2016 中有 3 种母版：幻灯片母版、讲义母版和备注母版。

使用幻灯片母版视图，用户可以根据需要设置演示文稿样式，包括项目符号、字体的类型和大小、占位符大小和位置、背景设计和填充、配色方案和可选的标题母版，如图12-35

所示。

　　讲义母版提供在一张打印纸上同时打印多张幻灯片的讲义版面布局和"页眉与页脚"的设置样式，如图 12-36 所示。

图　12-35

图　12-36

　　通常情况下，用户会把不需要展示给观众的内容写在备注里。对于提倡无纸化办公的单位、集体备课的学校，编写备注是保存交流资料的一种方法，如图 12-37 所示。

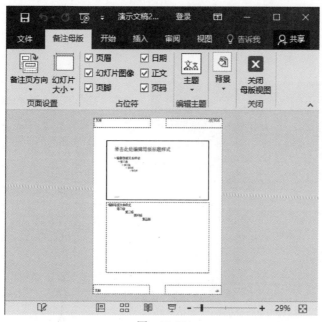

图　12-37

12.4.2 **打开和关闭母版视图**

　　使用母版视图首先应熟悉母版视图的基础操作，包括打开和关闭母版视图。

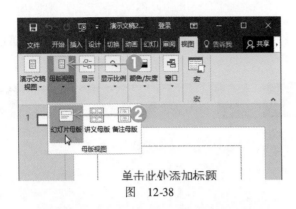

图 12-38

1 单击【母版视图】下拉按钮，单击【幻灯片母版】按钮。

① 打开 PowerPoint 2016，在【视图】选项卡下单击【母版视图】下拉按钮。

② 在弹出的选项中单击【幻灯片母版】按钮，如图 12-38 所示。

图 12-39

2 完成打开母版视图的操作。

进入幻灯片母版视图模式，通过以上步骤即可完成打开母版视图的操作，如图 12-39 所示。

图 12-40

3 单击【关闭母版视图】按钮。

在【幻灯片母版】选项卡下单击【关闭母版视图】按钮即可关闭幻灯片母版，回到正常幻灯片模式，如图 12-40 所示。

12.4.3 设置幻灯片母版背景

下面介绍设置幻灯片母版背景的方法。

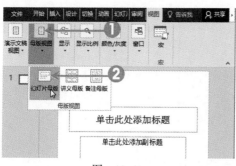

图 12-41

图 12-42

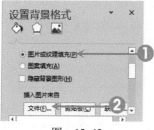

图 12-43

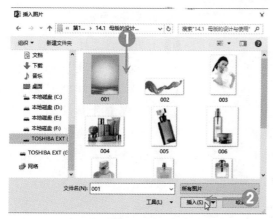

图 12-44

1
单击【母版视图】下拉按钮，单击【幻灯片母版】按钮。

❶ 打开素材文件，在【视图】选项卡下单击【母版视图】下拉按钮。

❷ 在弹出的选项中单击【幻灯片母版】按钮，如图 12-41 所示。

2
选择【设置背景格式】菜单项。

进入幻灯片母版视图模式，鼠标右键单击幻灯片空白处，在弹出的快捷菜单中选择【设置背景格式】菜单项，如图 12-42 所示。

3
单击【文件】按钮。

❶ 弹出【设置背景格式】窗格，单击【图片或纹理填充】单选按钮。

❷ 在【插入图片来自】区域单击【文件】按钮，如图 12-43 所示。

4
插入图片。

❶ 弹出【插入图片】对话框，选择准备插入的图片。

❷ 单击【插入】按钮，如图 12-44 所示。

图 12-45

5 完成设置幻灯片母版背景的操作。

通过以上步骤即可完成设置幻灯片母版背景的操作，如图 12-45 所示。

设置页面切换和动画效果

手机扫描右侧二维码，观看本节视频课程：4 分 19 秒

在特定的页面加入合适的过渡动画，会使幻灯片更加生动，过多的文本会影响幻灯片的阅读效果，可以为文字设置逐段显示的动画效果，避免同时出现大量文字。PowerPoint 2016 提供的动画效果非常生动有趣，且操作起来非常简便。

12.5.1 设置页面切换效果

在 PowerPoint 2016 中预设了细微型、华丽型、动态内容 3 种类型的页面切换效果，其中包括切入、淡出、推进、擦除等 34 种切换方式，下面详细介绍添加幻灯片切换效果的操作方法。

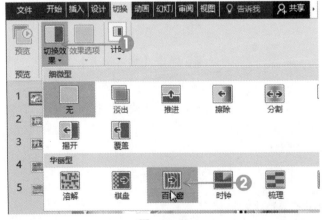

图 12-46

1 选择切换方案。

❶ 打开素材文件，选择第 1 张幻灯片，在【切换】选项卡下的【切换到此幻灯片】组中单击【切换效果】下拉按钮。

❷ 在弹出的切换效果库中选择准备添加的切换方案，如图 12-46 所示。

图　12-47

12.5.2　设置幻灯片切换声音

用户可以为幻灯片添加切换声音效果，下面介绍设置幻灯片切换声音效果的方法。

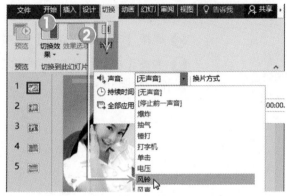

图　12-48

2 完成设置页面切换效果的操作。

可以看到第 1 张幻灯片已经插入了切换效果，通过以上步骤即可完成设置页面切换效果的操作，如图 12-47 所示。

1 单击【声音】下拉按钮，选择一种效果。

❶ 打开素材文件，选中第 1 张幻灯片，在【切换】选项卡下单击【计时】下拉按钮。

❷ 在弹出的选项中单击【声音】下拉按钮，在弹出的列表中选择一种效果，如图 12-48 所示。

图　12-49

2 完成设置幻灯片切换声音效果的操作。

通过以上步骤即可完成设置幻灯片切换声音效果的操作，如图 12-49 所示。

12.5.3　添加超链接

在 PowerPoint 2016 中，使用超链接可以在幻灯片之间切换，从而增强演示文稿的可视性，下面将介绍设置演示文稿超链接的操作方法。

图 12-50

1 鼠标右键单击文本框，选择【超链接】菜单项。

打开素材文件，在第 2 张幻灯片中鼠标右键单击【下一页】文本框，在弹出的菜单中选择【超链接】菜单项，如图 12-50 所示。

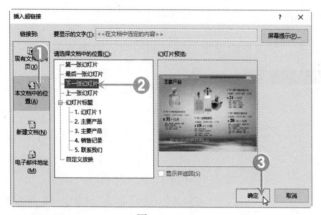

图 12-51

2 选择【下一张幻灯片】选项。

❶ 弹出【插入超链接】对话框，单击【本文档中的位置】选项。

❷ 选择【下一张幻灯片】选项。

❸ 单击【确定】按钮，即可完成操作，如图 12-51 所示。

12.5.4 插入动作按钮

用户可以在幻灯片中插入动作按钮，方法如下。

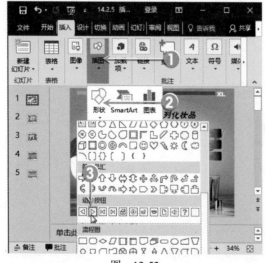

图 12-52

1 选择按钮形状。

❶ 打开素材文件，选择第 1 张幻灯片，在【插入】选项卡下单击【插图】下拉按钮。

❷ 在弹出的选项中单击【形状】下拉按钮。

❸ 在弹出的形状库中选择一种动作按钮，如图 12-52 所示。

图 12-53

2 绘制动作按钮。

鼠标指针变为十字形状，拖曳鼠标绘制动作按钮，至适当大小释放鼠标，通过以上步骤即可完成添加动作按钮的操作，如图 12-53 所示。

12.5.5 添加动画效果

为幻灯片添加动画效果的方法如下。

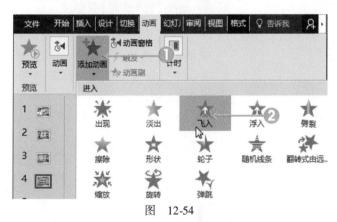

图 12-54

1 单击【添加动画】下拉按钮，选择一种动画。

① 选中第 4 张幻灯片中的文本框，在【动画】选项卡下的【高级动画】组中单击【添加动画】下拉按钮。

② 在弹出的动画库中选择一种动画，如图 12-54 所示。

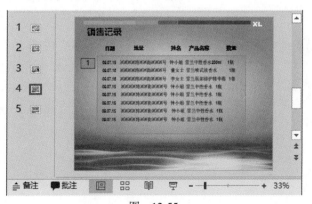

图 12-55

2 完成添加动画效果的操作。

可以看到文本框左侧出现一个数字 1，表示该文本框含有动画效果，通过以上步骤即可完成添加动画效果的操作，如图 12-55 所示。

12.5.6 设置动画效果

为幻灯片中的对象添加动画效果后，可以根据需要进一步设置动画效果，下面详细介绍设置动画效果的操作方法。

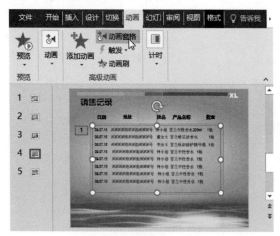

图 12-56

1 在【高级动画】组中单击【动画窗格】按钮。

选中第 4 张幻灯片中的文本框，在【动画】选项卡下的【高级动画】组中单击【动画窗格】按钮，如图 12-56 所示。

图 12-57

2 选择【效果选项】菜单项。

弹出【动画窗格】窗格，右键单击动画效果，在弹出的快捷菜单中选择【效果选项】菜单项，如图 12-57 所示。

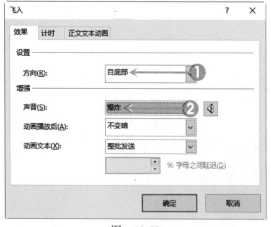

图 12-58

3 设置【方向】为【自底部】选项，【声音】为【爆炸】选项。

❶ 弹出【飞入】对话框，在【效果】选项卡下设置【方向】为【自底部】选项。

❷ 设置【声音】为【爆炸】选项，如图 12-58 所示。

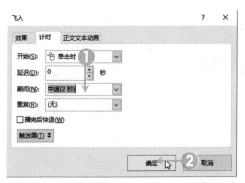

图 12-59

图 12-60

4 设置开始为【单击时】选项，单击【确定】按钮。

❶ 在【计时】选项卡下设置【开始】为【单击时】选项，【期间】为【中速（2秒）】选项。

❷ 单击【确定】按钮，如图 12-59 所示。

5 完成设置动画效果的操作。

可以看到【动画窗格】窗格中自动播放刚刚设置的动画效果，通过上述操作即可完成设置动画效果的操作，如图 12-60 所示。

12.5.7 使用动作路径

动作路径用于自定义动画运动的路线及方向，下面介绍使用动作路径的方法。

图 12-61

图 12-62

1 选择【其他动作路径】选项。

❶ 选中第 4 张幻灯片中的文本框，在【动画】选项卡下的【高级动画】组中单击【添加动画】下拉按钮。

❷ 在弹出的列表中选择【其他动作路径】选项，如图 12-61 所示。

2 选择【六角星】选项，单击【确定】按钮。

❶ 弹出【添加动作路径】对话框，选择【六角星】选项。

❷ 单击【确定】按钮，如图 12-62 所示。

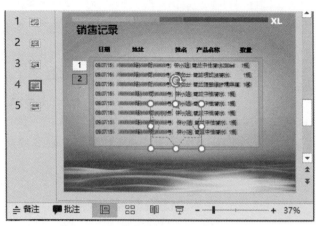

图　12-63

3 完成使用动作路径的操作。

可以看到文本框内增加了一个六角星形状，通过上述操作即可完成使用动作路径的操作，如图 12-63 所示。

Section 12.6　放映演示文稿

手机扫描右侧二维码，观看本节视频课程：1 分 18 秒

编辑完成演示文稿的内容后，即可将其放映出来供观众欣赏了，为了达到良好的效果，在放映前还需要在电脑中对演示文稿进行一些设置，本节将介绍设置演示文稿放映的相关知识。

12.6.1　设置幻灯片放映方式

PowerPoint 2016 为用户提供了演讲中放映、观众自行浏览放映和在展台浏览放映三种放映类型，用户可以根据具体情境自行设定幻灯片的放映类型，下面介绍设置放映方式的操作方法。

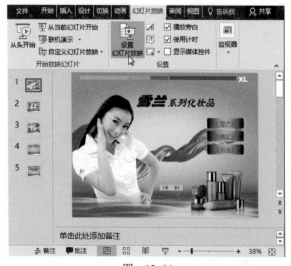

图　12-64

1 单击【设置幻灯片放映】按钮。

打开演示文稿，在【幻灯片放映】选项卡下的【设置】组中单击【设置幻灯片放映】按钮，如图 12-64 所示。

图 12-65

2 单击【在展台浏览（全屏幕）】单选按钮。

1 弹出【设置放映方式】对话框，单击【在展台浏览（全屏幕）】单选按钮。

2 单击【确定】按钮，即可完成设置操作，如图 12-65 所示。

12.6.2 隐藏不放映的幻灯片

用户可以将当前幻灯片隐藏起来，隐藏幻灯片的方法如下。

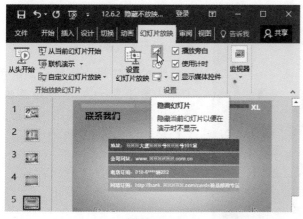

图 12-66

1 单击【隐藏幻灯片】按钮。

打开演示文稿，选择第 5 张幻灯片，在【幻灯片放映】选项卡下的【设置】组中单击【隐藏幻灯片】按钮，如图 12-66 所示。

图 12-67

2 完成隐藏幻灯片的操作。

可以看到在大纲区第 5 张幻灯片的缩略图被划掉，通过以上步骤即可完成隐藏幻灯片的操作，如图 12-67 所示。

12.6.3 开始放映幻灯片

幻灯片设置完成后，就可以开始放映幻灯片了，下面详细介绍放映幻灯片的操作方法。

图 12-68

1 单击【从头开始】按钮。

打开演示文稿，选择第 1 张幻灯片，在【幻灯片放映】选项卡下的【开始放映幻灯片】组中单击【从头开始】按钮，如图 12-68 所示。

图 12-69

2 从头开始放映幻灯片。

进入幻灯片放映模式，演示文稿从第 1 张幻灯片开始放映，通过以上步骤即可完成放映幻灯片的操作，如图 12-69 所示。

Section 12.7 实践案例与上机指导

手机扫描右侧二维码，观看本节视频课程：0 分 59 秒

本章学习了演示文稿的基本操作和美化幻灯片的知识，在本节中，将结合实际应用，通过上机练习，对本章所学知识点进一步巩固和复习。

12.7.1 保护演示文稿

当用户不希望他人随意查看或更改演示文稿时，可以对演示文稿设置访问密码，以加强演示文稿的安全性。

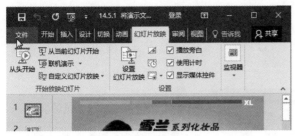

图　12-70

1 选择【文件】选项卡。

打开准备打包的演示文稿，选择【文件】选项卡，如图 12-70 所示。

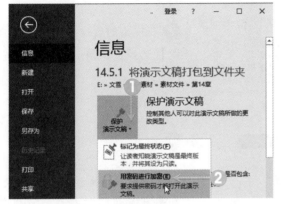

图　12-71

2 选择【用密码进行加密】选项。

❶ 进入 Backstage 视图，选择【信息】选项卡。

❷ 单击【保护演示文稿】下拉按钮，在弹出的选项中选择【用密码进行加密】选项，如图 12-71 所示。

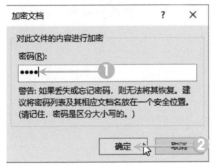

图　12-72

3 输入密码，单击【确定】按钮。

❶ 弹出【加密文档】对话框，在【密码】文本框中输入密码。

❷ 单击【确定】按钮，如图 12-72 所示。

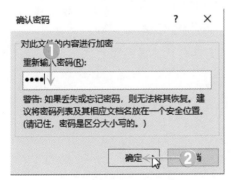

图　12-73

4 再次输入密码，单击【确定】按钮。

❶ 弹出【确认文档】对话框，在【重新输入密码】文本框中再次输入密码。

❷ 单击【确定】按钮，即可完成操作，如图 12-73 所示。

12.7.2 设置黑白模式

如果用户需要去掉演示文稿的颜色，可以将演示文稿设置为黑白模式，设置黑边模式的方法如下。

图 12-74

1 选择【黑白模式】选项。

❶ 打开演示文稿，在【视图】选项卡下单击【颜色/灰度】下拉按钮。

❷ 在弹出的选项中选择【黑白模式】选项，如图 12-74 所示。

图 12-75

2 退出黑白模式。

此时演示文稿进入黑白模式，如果想要退出该模式，可以单击【黑白模式】选项卡下的【返回颜色模式】按钮，如图 12-75 所示。

PowerPoint 2016 的显示模式

PowerPoint 2016 为用户提供了颜色、灰度以及黑白模式三种显示模式，颜色模式即是彩色模式，可以显示所有颜色信息；灰度模式只能显示黑白灰三种颜色；而黑白模式则只能显示黑白两种颜色。

第13章

13

电脑上网很精彩

本章内容导读

　　本章主要介绍了连接电脑上网、应用Microsoft Edge浏览器、上网浏览信息、使用网址收藏夹以及断开ADSL宽带连接和删除上网记录的相关方法。通过本章的学习，读者可以掌握电脑上网方面的知识。

本章知识要点

(1) 电脑连接上网的方式及配置
(2) 应用Microsoft Edge浏览器
(3) 上网浏览信息
(4) 使用网址收藏夹
(5) 保存网页

电脑连接上网的方式及配置

手机扫描右侧二维码，观看本节视频课程：1 分 51 秒

互联网已经很大程度地影响人们的生活和工作方式，上网的方式是多种多样的，如拨号上网、ADSL 宽带上网、小区宽带上网、无线上网等，本节将详细介绍电脑连接上网方面的知识。

13.1.1 配置无线网络路由器

目前大部分家庭都连接了互联网，而且带宽通常也比较高，用户凭借身份证即可到运营商营业厅办理宽带上网业务。办理宽带上网业务后，将获得上网的用户名和密码，请务必保存并牢记。家庭或者办公上网可以通过电脑、手机或者平板设备来实现，为了满足家庭多个成员上网需求，还可以购买无线路由器，在本节中将介绍配置无线路由器的方法。

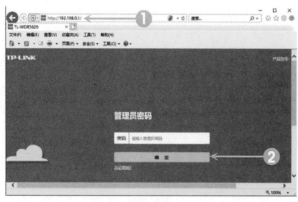

图 13-1

1 进入路由器

❶ 启动 IE 浏览器，输入路由器地址，如：192.168.0.1。

❷ 在弹出的界面中输入管理员密码后单击【确定】按钮，如图 13-1 所示。

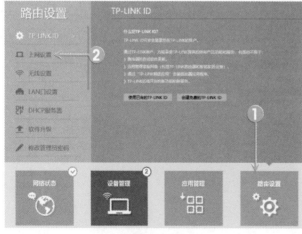

图 13-2

2 进入路由器设置

❶ 在打开的路由器界面中，单击【路由器设置】选项。

❷ 选择【上网设置】选项，如图 13-2 所示。

图　13-3

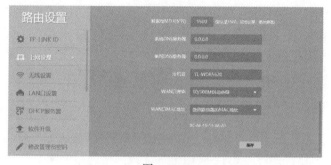

图　13-4

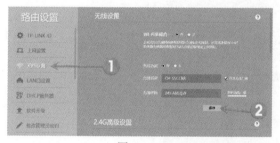

图　13-5

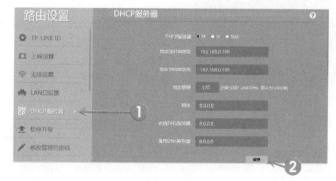

图　13-6

3 配置上网账号

进入【基本设置】界面，在【上网方式】中选择【宽带拨号上网】选项，然后输入宽带账号和密码，单击【连接】选项，如图 13-3 所示。

4 高级设置

向下拖动页面进入【高级设置】界面，填写【首选 DNS】和【辅助 DNS】地址，此地址可以向运营商咨询，单击【保存】按钮，如图 13-4 所示。

5 配置无线上网

❶ 选择【无线设置】选项，进入无线设置界面。

❷ 设置无线网名称（例如"CH-SSCCRR"）和无线密码后，单击【保存】按钮，如图 13-5 所示。

6 配置 DHCP 服务

❶ 选择【DHCP 服务器】选项，打开 DHCP 服务器页面。

❷ 设置【地址池开始地址】地址为 192.168.0.100，填写【地址池结束地址】地址为 192.168.0.199，单击【保存】按钮，如图 13-6 所示。

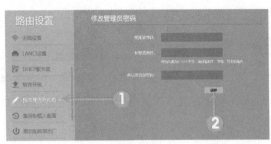

图 13-7

7 设置路由器密码

❶ 选择【修改管理员密码】选项。

❷ 输入原始密码和新密码后，单击【保存】按钮即可更新路由器密码，如图 13-7 所示。

13.1.2 连接上网

在完成无线路由器配置后，即可将电脑和手机等设备通过有线或者无线的方式连接上网了。电脑可以通过有线连接上网，使用网线将路由器 LAN 口与电脑网卡插口连接起来，即可实现上网。如果用户使用手机或者平板电脑无线上网，可以打开设备的无线网功能，然后搜索无线网，例如"CH-SSCCRR"网络，然后输入密码即可通过 WIFI 无线上网。

13.1.3 查看网络连接状态

如果想要查看当前网络连接状态，用户只需单击任务栏右下角的网络连接按钮即可弹出网络连接状态列表。图 13-8 所示为本机已经通过"CH-SSCCRR"无线网络连接上网。

图 13-8

Section 13.2 应用 Microsoft Edge 浏览器

手机扫描右侧二维码，观看本节视频课程：2 分 08 秒

2015 年 4 月 30 日，微软在旧金山举行的 Build 2015 开发者大会上宣布，其最新操作系

统 Windows 10 内置代号为"Project Spartan"的新浏览器被正式命名为"Microsoft Edge"。

13.2.1　Microsoft Edge 的功能与设置

Edge 浏览器的功能细节包括：支持内置 Cortana（微软小娜）语音功能；内置阅读器、笔记和分享功能；设计注重实用和极简主义；渲染引擎被称为 EdgeHTML。

Edge 浏览器使用一个【e】字符图标，这与微软 IE 浏览器自 1996 年以来一直使用的图标有点类似。区别于 IE 的主要功能为，Edge 支持现代浏览器功能，比如扩展。

1. 打开 Microsoft Edge 浏览器

单击【开始】按钮，在开始菜单中单击【Microsoft Edge】菜单项，打开 Microsoft Edge 浏览器，默认情况下，启动 Microsoft Edge 后将会打开用户设置的首页，它是进入 Internet 的起点，如图 13-9 和图 13-10 所示。

图　13-9

图　13-10

2. 关闭 Microsoft Edge 浏览器

当用户浏览网页结束后，可以将浏览器关闭，同大多数 Windows 应用程序一样，关闭 Microsoft Edge 浏览器的方法是单击浏览器窗口右上角的【关闭】按钮，或者按下组合键【Alt + F4】，或者右键单击 Microsoft Edge 浏览器的标题栏，在弹出的快捷菜单中选择【关闭】选项。

13.2.2　Web 笔记

在浏览网页时，如果想要保存当前网页的信息，可以通过 Web 笔记这个功能实现，下面介绍使用 Web 笔记的操作方法。

图　13-11

1 单击【添加笔记】按钮。

在 Microsoft Edge 浏览器中打开一个网页，单击浏览器工具栏中的【添加笔记】按钮，如图 13-11 所示。

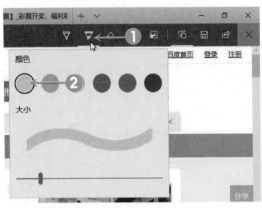

图　13-12

图　13-13

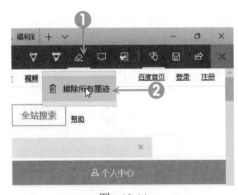

图　13-14

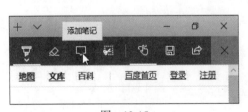

图　13-15

2 单击【荧光笔】下拉按钮，选择笔的颜色。

❶ 进入 Web 笔记工作环境中，单击【荧光笔】下拉按钮。

❷ 在弹出的面板中选择笔的颜色，如图 13-12 所示。

3 在页面中输入笔记内容。

使用荧光笔工具可以在页面中输入笔记内容，如图 13-13 所示。

4 选择【清除所有墨迹】选项。

❶ 如果想要清除输入的内容，单击【橡皮擦】按钮 ◇。

❷ 在弹出的列表中选择【清除所有墨迹】选项，即可清除输入的内容，如图 13-14 所示。

5 单击【添加笔记】按钮。

单击【添加笔记】按钮 ▢，如图 13-15 所示。

图 13-16

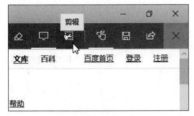

图 13-17

图 13-18

图 13-19

6 在网页中绘制文本框。

在网页中绘制一个文本框，可以在其中输入内容，如图 13-16 所示。

7 单击【剪辑】按钮 。

单击【剪辑】按钮 ，如图 13-17 所示。

8 按住鼠标左键并拖曳鼠标至适当位置释放鼠标左键，可以复制区域。

进入剪辑编辑状态，按住鼠标左键并拖曳鼠标至适当位置释放鼠标左键，可以复制区域，如图 13-18 所示。

9 单击【保存】按钮。

单击【保存 Web 笔记】按钮 ，在弹出的选项中单击【保存】按钮，如果想要退出 Web 笔记工作模式，单击【退出】按钮 即可，如图 13-19 所示。

13.2.3 阅读视图

Microsoft Edge 浏览器提供阅读视图模式，可以在没有干扰（没有广告、没有网页的头标题和尾标题等，只有正文）的模式下看文章，还可以调整背景和文字大小。下面详细介绍进入阅读视图的操作方法。

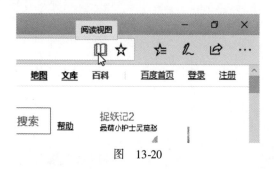

图　13-20

1 单击浏览器工具栏的【阅读模式】按钮。

在 Microsoft Edge 浏览器中，打开一个网页，单击浏览器工具栏的【阅读模式】按钮，如图 13-20 所示。

图　13-21

2 进入网页阅读视图模式中。

进入网页阅读视图模式中，可以看到此模式下除了文章之外，没有其他信息，如图 13-21 所示。

调整视图亮度

单击浏览器中的【更多】按钮，在弹出的下拉列表中选择【设置】选项，打开设置界面，单击【阅读视图风格】下方的下拉按钮，在弹出的下拉列表中选择【亮】选项，可以调整视图的亮度。

13.2.4　使用 Cortana

Cortana 和 Microsoft Edge 浏览器可以结合起来使用，大大方便了用户，当用户在 Web 上偶然发现一个自己想要了解更多相关信息的主题时，可以询问 Cortana 找出所有相关信息，另外，当用户向 Cortana 询问一个问题时，会在工作界面中列出与之相关的信息网页，单击相关内容，即可在 Microsoft Edge 进行查看。

Section 13.3 上网浏览信息

手机扫描右侧二维码，观看本节视频课程：1 分 58 秒

使用浏览器可以浏览互联网中的网页内容。本节将介绍浏览网上信息的方法，如使用地址栏输入网址浏览网页、在网上看新闻、查询地图、查看天气等。

13.3.1　使用地址栏输入网址浏览网页

通过浏览器的地址栏输入网址，是打开网页浏览网络信息最常用的方法，具体如下。

图　13-22

1 在 **Microsoft Edge** 浏览器中的地址栏中输入网站地址。

　　在 Microsoft Edge 浏览器中的地址栏中输入网站地址，在弹出的下拉列表中单击准备打开的网址，如图 13-22 所示。

图　13-23

2 完成使用地址栏输入网址浏览网页的操作。

　　通过以上步骤即可完成使用地址栏输入网址浏览网页的操作，如图 13-23 所示。

13.3.2　在网上看新闻

　　使用浏览器，用户可以方便地在网络上浏览新闻，下面以在"网易"网页中浏览新闻为例，介绍在网络上看新闻的操作方法。

图　13-24

1 在 **Microsoft Edge** 浏览器中的地址栏上输入网站地址。

　　在 Microsoft Edge 浏览器中的地址栏上输入网站地址，在弹出的下拉列表框中单击准备打开的网址，如图 13-24 所示。

图 13-25

2 完成在网络上看新闻的操作。

打开【网易新闻】网页窗口，通过以上方法即可完成在网络上看新闻的操作，如图13-25所示。

13.3.3　查询地图

在百度地图里，可以查询街道、商场、楼盘的地理位置，也可以找到离自己最近的餐馆、学校、银行、公园等，下面详细介绍使用百度在网上搜索城市交通地图的操作方法。

图 13-26

1 选择【全部产品】超链接。

打开百度首页，将鼠标指针移动至窗口右侧的【更多产品】超链接，然后在弹出的下拉菜单中选择【全部产品】超链接，如图13-26所示。

图 13-27

2 在【搜索服务】区域中单击【地图】超链接。

进入百度所有产品网页窗口，在【搜索服务】区域中单击【地图】超链接，如图13-27所示。

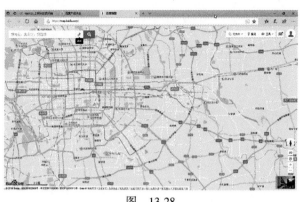

图 13-28

3 输入地理名称，单击【百度一下】按钮。

进入百度地图，在文本框中输入地理名称，单击【百度一下】按钮即可搜索该地理位置，如图 13-28 所示。

13.3.4 查看天气

天气情况一直都是我们日常生活中比较关注的信息，下面详细介绍使用百度在网上搜索天气预报的操作方法。

图 13-29

1 打开百度首页，输入"天气预报"。

打开百度首页，在【搜索】文本框中使用输入法输入"天气预报"，如图 13-29 所示。

图 13-30

2 完成在网上搜索天气预报的操作。

进入到搜索页面，显示天气预报情况，这样即可完成在网上搜索天气预报的操作，如图 13-30 所示。

13.3.5 网上购物的流程及方法

网上购物指的是通过互联网媒介用数字化信息完成购物交易的过程。网上购物不同于传统购物方式，包括挑选物品、主体身份、支付、验货等均有所区别。

网上购物主要步骤如下。

一、购物平台选择：不管选择是商城还是网店，都是畅享购物快乐的第一步。

二、注册账号。

三、挑选商品。

四、协商交易事宜。

五、填写准确详细的地址和联系方式。

六、选择支付方式。

七、收货验货。

如若不满意，则采取如下步骤。

八、退换货。

九、退款。

十、维权。

十一、评价。

以如图 13-31 所示的淘宝为例，购物流程如下。

首先，要注册一个淘宝账号，然后下载在线聊天工具淘宝旺旺（淘宝网也提供网页版阿里旺旺）。登录后，可以在我的淘宝中选择要购买的商品进行查询，在查询页面可以选择以商家信誉排列商品或以价格高低排列商品，这样一目了然地看到所要选的商品。

然后，选定一家信誉尚可、价格较佳的商家，就你所要的商品和商家详谈商品的品质、

图 13-31

价格及售后和物流，一切谈妥后，选择支付方式，在这里推荐使用第三方支付平台支付宝。可以用网上银行为支付宝充值，部分商家支持信用卡在线支付。

第三，收到货物后，及时查验是否与卖家所描述的相符合，如果没有问题，可以就货物是否与卖家所描述的相符、卖家的服务态度、卖家的发货速度对卖家进行评价，这有助于提高双方的信誉，也为其他人购物提供参考。评价完成后可以说这次交易即结束。

网上购物有三件比较麻烦的事，一则商品寻找，二则支付，三则维权。

商品搜索引擎有两个缺点，即局限性和趋利性，局限性指只有被搜索引擎抓到的信息才能显示；趋利性指竞价排名。购买官方品牌商品时，可以浏览官方网店，需要综合采购时，可以浏览规模服务比较到位的大型网站。

支付直接涉及资金安全，所以比较烦琐。应该选择比较通用的方式进行，选择较多的是网银和第三方支付。

维权时应尽量在第三方平台约定时期内尽快处理纠纷。如若卖家不同意退货退款，时间将近时，应尽快联系第三方客服，要求延长交付时间。如果没用第三方支付平台，则向 3·15 消费电子投诉网申诉。

Section 13.4　使用网址收藏夹

手机扫描右侧二维码，观看本节视频课程：1 分 09 秒

在浏览网页信息时，可以通过浏览器的收藏夹功能将网站网页收藏，这样便于以后再次浏览该网页。本节将详细介绍使用收藏夹收藏网页的相关操作方法。

13.4.1　收藏网页

将喜欢的网页添加至收藏夹的方法如下。

图 13-32

图 13-33

1 单击【添加到收藏夹或阅读列表】按钮。

❶ 在 Microsoft Edge 浏览器中打开网页，单击【添加到收藏夹或阅读列表】按钮。

❷ 在弹出的选项中单击【添加】按钮，如图 13-32 所示。

2 完成收藏网页的操作。

可以看到【添加到收藏夹或阅读列表】按钮变为实心黄色，通过以上步骤即可完成收藏网页的操作，如图 13-33 所示。

13.4.2　在收藏夹中打开网页

将网页添加到收藏夹后，可以快速在需要的时候打开网页，下面详细介绍打开收藏夹中网页的操作方法。

图　13-34

1 选择收藏的网页。

❶ 打开 Microsoft Edge 浏览器，单击【中心（收藏夹、阅读列表、历史记录和下载项）】按钮。

❷ 在弹出的选项中选择准备打开的网页，如图 13-34 所示。

图　13-35

2 完成在收藏夹中打开网页的操作。

浏览器跳转到百度网页，通过以上步骤即可完成在收藏夹中打开网页的操作，如图 13-35 所示。

13.4.3　删除收藏夹中的网页

在浏览器的收藏夹中，用户可以删除不经常使用的网页，删除收藏夹中的网页方法如下。

图　13-36

1 选择【删除】菜单项。

❶ 打开 Microsoft Edge 浏览器，单击【中心（收藏夹、阅读列表、历史记录和下载项）】按钮。

❷ 在弹出的选项中鼠标右键单击准备删除的网页，在弹出的菜单中选择【删除】菜单项，如图 13-36 所示。

图 13-37

2 完成删除收藏夹中的网页的操作。

可以看到网页已经被删除，通过以上步骤即可完成删除收藏夹中的网页的操作，如图 13-37 所示。

Section 13.5 保存网页

手机扫描右侧二维码、观看本节视频课程：0 分 51 秒

在浏览网页信息时，可以将网页内容保存在电脑中，便于以后再次浏览网页内容。

13.5.1 保存网页中的文章

本节将详细介绍保存网页中的文章的方法。

图 13-38

1 选择【保存为文本】菜单项。

在浏览器中打开网页，鼠标右键单击选中的文本内容，在弹出的快捷菜单中选择【保存为文本】菜单项，如图 13-38 所示。

图 13-39

2 弹出【另存为】对话框，单击【保存】按钮。

❶ 弹出【另存为】对话框，选择准备保存的位置。

❷ 单击【保存】按钮，即可完成保存网页中文章的操作，如图 13-39 所示。

259

13.5.2　保存网页中的图片

用户可以将网页中的图片保存，保存网页中的图片的方法如下。

图　13-40

1 选择【图片另存为】菜单项。

　　在浏览器中打开网页，鼠标右键单击准备保存的图片，在弹出的快捷菜单中选择【图片另存为】菜单项，如图 13-40 所示。

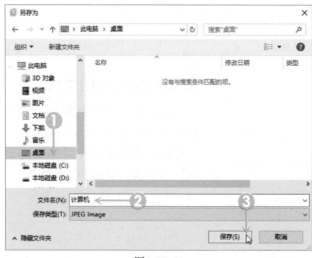

图　13-41

2 输入名称，单击【保存】按钮。

❶ 弹出【另存为】对话框，选择准备保存的位置。

❷ 在【文件名】文本框中输入名称。

❸ 单击【保存】按钮，即可完成保存网页中图片的操作，如图 13-41 所示。

Section 13.6 实践案例与上机指导

手机扫描右侧二维码，观看本节视频课程：0 分 42 秒

　　本章学习了连接上网的方式及配置和上网浏览信息的知识，读者不但掌握了收藏夹使用方法，还熟悉了保存网页的技巧。在本节中，将结合实际工作和应用，通过上机练习，进一步巩固所学知识。

13.6.1　断开 ADSL 宽带连接

　　如果不再想使用网络，用户可以将 ADSL 宽带连接断开，断开 ADSL 宽带连接的方法如下。

图　13-42

1 单击【宽带连接】按钮，在弹出的选项中单击【宽带连接】选项。

❶ 在 Windows 10 系统桌面的任务栏中，单击【宽带连接】按钮。
❷ 在弹出的选项中单击【宽带连接】选项，如图 13-42 所示。

图　13-43

2 打开【网络和 Internet 设置】窗口，单击【断开连接】按钮。

❶ 打开【网络和 Internet 设置】窗口，在【拨号】区域中单击展开【宽带连接】选项。
❷ 在展开的选项中单击【断开连接】按钮，即可完成断开 ADSL 宽带连接的操作，如图 13-43 所示。

13.6.2　删除上网记录

如果用户不希望他人在使用电脑时查看自己的上网记录，可以在浏览网页后将上网记录删除，下面详细介绍删除浏览器中上网记录的操作方法。

图　13-44

1 单击【打开菜单】按钮，选择【清除上网痕迹】菜单项。

在浏览器中单击【打开菜单】按钮，在弹出的菜单中选择【清除上网痕迹】菜单项，如图 13-44 所示。

图 13-45

2 选择要清除的内容，单击【立即清理】按钮。

1 弹出【清除上网痕迹】对话框，勾选准备清除的内容的复选框。

2 单击【立即清理】按钮，即可完成删除上网记录的操作，如图 13-45 所示。

13.6.3 使用 InPrivate 窗口

InPrivate 浏览模式可以使用户在互联网中进行操作时不留下任何隐私信息痕迹，能够防止其他电脑用户查看该用户访问的网站内容和查看的信息。设置 InPrivate 浏览模式的方法如下。

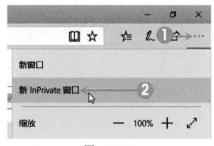

图 13-46

1 单击【设置及更多】按钮，选择【新 InPrivate 窗口】菜单项。

1 在 Microsoft Edge 浏览器中单击【设置及更多】按钮。

2 在弹出的菜单中选择【新 In-Private 窗口】菜单项，如图 13-46 所示。

图 13-47

2 启用 **InPrivate** 浏览模式。

InPrivate 处于启用状态，之后打开的网页都将处于 InPrivate 浏览状态，通过上述操作即可启用 InPrivate 浏览模式，如图 13-47 所示。

第14章

14

搜索与下载网上资源

本章内容导读

　　本章主要介绍了网络搜索引擎方面的知识与技巧，同时还讲解了下载网上的软件资源、使用搜狐首页搜索信息和在线订购火车票的方法。通过本章的学习，读者可以掌握搜索与下载网上资源的知识。

本章知识要点

(1) 认识网络搜索引擎
(2) 百度搜索引擎
(3) 下载网上的软件资源

Section 14.1　认识网络搜索引擎

手机扫描右侧二维码，观看本节视频课程：1 分 26 秒

搜索引擎（Search Engine）是指根据一定的策略，运用特定的程序从互联网上搜集信息，在对信息进行组织和处理后，为用户提供检索服务，将用户检索相关的信息展示给用户的系统。

14.1.1　搜索引擎的工作原理

搜索引擎的原理可以总结为如下三步：从互联网上抓取网页→建立索引数据库→在索引数据库中搜索排序。

1. 从互联网上抓取网页

利用能够从互联网上自动收集网页的 Spider 系统程序，自动访问互联网，并沿着任何网页中的所有 URL 爬到其他网页，重复这一过程，并把爬过的所有网页收集回来。

2. 建立索引数据库

搜索引擎的"网络机器人"或"网络蜘蛛"是一种网络上的软件，它遍历 Web 空间，能够扫描一定 IP 地址范围内的网站，并沿着网络上的链接从一个网页到另一个网页，从一个网站到另一个网站采集网页资料。它为保证采集的资料最新，还会回访已抓取过的网页。网络机器人或网络蜘蛛采集的网页，还要有其他程序进行分析，根据一定的相关度算法进行大量的计算建立网页索引，才能添加到索引数据库中。

3. 在索引数据库中搜索排序

真正意义上的搜索引擎，通常指的是收集了因特网上几千万到几十亿个网页并对网页中的每一个词（即关键词）进行索引，建立索引数据库的全文搜索引擎。当用户查找某个关键词的时候，所有在页面内容中包含了该关键词的网页都将作为搜索结果被搜出来。在经过复杂的算法进行排序后，这些结果将按照与搜索关键词的相关度高低，依次排列。

14.1.2　搜索引擎的组成部分

搜索引擎由搜索器 、索引器、检索器和用户接口四个部分组成。搜索器的功能是在互联网中漫游，发现和搜集信息。索引器的功能是理解搜索器所搜索的信息，从中抽取出索引项，用于表示文档以及生成文档库的索引表。检索器的功能是根据用户的查询在索引库中快速检出文档，进行文档与查询的相关度评价，对将要输出的结果进行排序，并实现某种用户相关性反馈机制。用户接口的作用是输入用户查询、显示查询结果、提供用户相关性反馈机制。目前，常用的搜索引擎有：百度、360、搜搜、搜狗、有道、必应、网易、国搜、宜搜等。

Section 14.2　百度搜索引擎

手机扫描右侧二维码，观看本节视频课程：1 分 32 秒

百度搜索是全球最大的中文搜索引擎，2000 年 1 月由李彦宏、徐勇两人创立于北京中关村，致力于向人们提供"简单，可依赖"的信息获取方式。

14.2.1　搜索网页信息

百度搜索引擎将各种资料信息进行整合处理，当用户需要某方面的资料时，在百度搜索

引擎中输入资料主要信息即可找到需要的资料，下面介绍搜索资料信息的操作方法。

图　14-1

1 在导航页中单击【百度】链接。

　　打开浏览器，在导航页中单击【百度】链接，如图14-1所示。

图　14-2

2 输入准备搜索的信息内容。

　　在弹出的百度网页窗口中，在【搜索】文本框中输入准备搜索的信息内容，如图14-2所示。

图　14-3

3 显示百度检索出的信息。

　　在弹出的网页窗口中，显示着百度所检索出的信息，单击【优酷网】超链接，如图14-3所示。

图　14-4

4 完成使用百度搜索引擎搜索网络信息的操作。

　　进入优酷网首页，通过以上步骤即可完成使用百度搜索引擎搜索网络信息的操作，如图14-4所示。

14.2.2 搜索图片

百度图片搜索引擎是世界上最大的中文图片搜索引擎，百度从 8 亿中文网页中提取各类图片，建立了世界第一的中文图片库。下面介绍利用百度图片搜索图片的操作方法。

图　14-5

1 在导航页中单击【百度】链接。

打开浏览器，在导航页中单击【百度】链接，如图 14-5 所示。

图　14-6

2 单击【图片】按钮。

弹出百度网页窗口，将鼠标指针移至窗口右侧的【更多产品】按钮，在弹出的下拉菜单中单击【图片】按钮，如图 14-6 所示。

图　14-7

3 在【搜索】文本框中输入信息。

进入百度图片网页窗口，在【搜索】文本框中输入信息即可搜索图片，如图 14-7 所示。

14.2.3 搜索音乐

百度音乐是中国音乐门户网站之一，拥有海量正版高品质音乐。下面介绍利用百度音乐搜索音乐的操作方法。

图　14-8

1 在导航页中单击【百度】链接。

打开浏览器，在导航页中单击
【百度】链接，如图 14-8 所示。

图　14-9

2 单击【音乐】按钮。

弹出百度网页窗口，将鼠标
指针移至窗口右侧的【更多产品】
按钮，在弹出的下拉菜单中单击
【音乐】按钮，如图 14-9 所示。

图　14-10

3 在【搜索】文本框中输入信息。

进入百度音乐网页窗口，在
【搜索】文本框中输入信息即可搜
索音乐，如图 14-10 所示。

百度音乐简介

百度音乐在重视并支持正版的事业上付出了巨大努力，同时也开始与民间独立音
乐人接轨，通过百度音乐人社区，融合了多方优秀的音乐制作人、原创艺人、甚至草
根艺人，百度音乐将这些音乐整合打包向用户输出，体现了对原创音乐的支持和
推广。

Section
14.3
下载网上的文件资源
手机扫描右侧二维码，观看本节视频课程：1 分 18 秒

用户除了可以使用搜索引擎搜索网页信息、图片、音乐等内容之外，还可以将网上的软件下载到自己的电脑中，为自己所用。下载软件资源的途径有两种，一种是使用浏览器下载，一种是使用专用的下载软件（如"迅雷"）进行下载。

14.3.1 使用浏览器下载

使用浏览器直接下载是最普通的一种下载方式，但是这种下载方式不支持断点续传。一般情况下只在下载小文件时使用。下面以下载单机小游戏为例介绍使用浏览器下载文件的方法。

图 14-11

1 单击【电脑版下载】按钮。

在浏览器中打开准备下载的小游戏所在的网页，单击【电脑版下载】按钮，如图 14-11 所示。

图 14-12

2 选择下载位置，单击【下载】按钮。

❶ 弹出【新建下载任务】对话框，在【下载到】文本框中选择保存位置。

❷ 单击【下载】按钮，如图 14-12 所示。

图 14-13

3 完成下载操作。

下载完成，弹出【下载】对话框，单击【文件夹】按钮即可查看下载的小游戏，通过以上步骤即可完成操作，如图 14-13 所示。

14.3.2　使用迅雷下载

迅雷是个下载软件，迅雷本身并不上传资源，它只是一个提供下载和自主上传的工具软件。下面以下载电影为例，详细介绍使用迅雷下载文件的操作方法。

图　14-14

1 在搜索框中输入电影名称。

打开迅雷，在搜索框中输入电影名称，在弹出的下拉列表中选择一个选项，如图 14-14 所示。

图　14-15

2 单击网页链接。

进入搜索结果页面，单击一个网页链接，如图 14-15 所示。

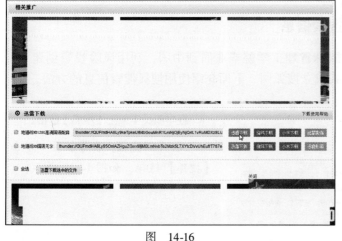

图　14-16

3 单击【迅雷下载】按钮。

进入下载地址链接页面，单击【迅雷下载】按钮，如图 14-16 所示。

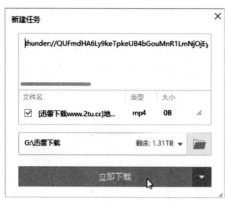

图　14-17

4 单击【立即下载】按钮。

　　弹出【新建任务】对话框，单击【立即下载】按钮，如图14-17所示。

图　14-18

5 完成使用迅雷下载文件的操作。

　　在迅雷界面左侧可以看到电影已经下载完成，通过以上步骤即可完成使用迅雷下载文件的操作，如图14-18所示。

 实践案例与上机指导

手机扫描右侧二维码，观看本节视频课程：0分53秒

　　本章学习了网络搜索引擎方面的知识，在本节中，将结合实际工作和应用，通过上机练习，进一步巩固所学知识。

14.4.1　使用搜狐首页搜索信息

　　1995年搜狐创始人张朝阳从美国麻省理工学院毕业回到中国，利用风险投资创建了爱特信信息技术有限公司，1998年正式成立搜狐网。下面介绍使用搜狐搜索信息的方法。

图　14-19

1 在导航页中单击【搜狐】链接。

　　打开浏览器，在导航页中单击【搜狐】链接，如图14-19所示。

图 14-20

2 搜索想要的资讯，或者单击关键词
超链接。

　　打开搜狐首页，用户可以在
其中搜索想要的资讯，或者单击
关键词超链接，如图 14-20 所示。

14.4.2　在线订购火车票

　　出差、旅游以及探亲的时候，在网上购买火车票已经成为主流的购票方式，这样既方便
又快捷，而且不用排队，不过在线购买火车票一定要到官方网站中购买，读者可自行查询火
车票订购的官方网址。下面介绍在线购买火车票的具体操作方法。

图 14-21

1 输入地名，单击【查询】按钮。

❶ 进入官方购票网站，在【出发
地】和【到达地】文本框中输入
地名。

❷ 勾选【高铁/动车】复选框，
并选择出行日期。

❸ 单击【查询】按钮，如图 14-21
所示。

图 14-22

2 单击【预定】按钮。

　　进入车次时刻表界面，单击
准备购买的车次右侧的【预定】
按钮，如图 14-22 所示。

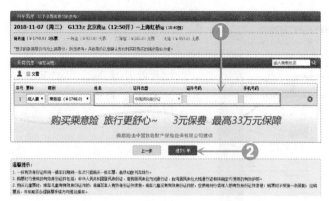

图　14-23

3 启填写乘客信息，单击【提交订单】按钮。

❶ 进入填写乘客信息页面，在【姓名】【证件号码】和【手机号码】文本框中输入内容。

❷ 单击【提交订单】按钮，根据提示支付费用即可完成在线订购火车票的操作，如图14-23所示。

15

第15章

上网通信与娱乐

本章内容导读

　　本章主要介绍了收发电子邮件、用QQ聊天和用电脑玩微信方面的知识与技巧，同时还讲解了微博的使用方法、管理QQ好友和一键锁定QQ的方法。通过本章的学习，读者可以掌握上网通信与娱乐方面的知识。

本章知识要点

（1）收发电子邮件
（2）用QQ聊天
（3）用电脑玩微信
（4）刷微博

Section 15.1 收发电子邮件

手机扫描右侧二维码，观看本节视频课程：1 分 20 秒

电子邮件是一种使用电子手段提供信息交换的通信方式。在互联网中，使用电子邮件可以与世界各地的朋友进行通信交流。本节将介绍收发电子邮件方面的知识。

15.1.1 登录邮箱发邮件

要想使用电子邮箱收发邮件，首先必须先登录电子邮箱，下面详细介绍登录电子邮箱和发邮件的方法。

图 15-1

1 输入邮箱名和密码，单击【登录】按钮。

❶ 在邮箱登录网页中，输入邮箱名和密码。

❷ 单击【登录】按钮，如图 15-1 所示。

图 15-2

2 单击【写信】按钮。

登录电子邮箱页面，单击【写信】按钮，如图 15-2 所示。

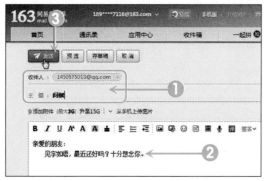

图 15-3

3 填写内容，单击【发送】按钮。

❶ 进入写信页面，在【收件人】文本栏输入邮箱地址，在【主题】文本栏输入主题。

❷ 在文本框中输入内容。

❸ 单击【发送】按钮，如图 15-3 所示。

4 完成登录并发送电子邮件的操作。

　　进入提示发送成功页面，通过以上步骤即可完成登录并发送电子邮件的操作，如图 15-4 所示。

图　15-4

15.1.2　接收与回复电子邮件

　　登录电子邮箱之后，可以查看其中的电子邮件，并且还可以回复电子邮件，下面介绍接收与回复电子邮件的操作方法。

1 打开收到的电子邮件，单击【回复】按钮。

　　登录邮箱，单击打开收到的电子邮件，查看内容，单击【回复】按钮，如图 15-5 所示。

图　15-5

2 输入回复内容，单击【发送】按钮。

❶ 进入回复邮件页面，在文本框中输入回复内容。

❷ 单击【发送】按钮，如图 15-6所示。

图　15-6

图 15-7

Section 15.2 用 QQ 聊天

手机扫描右侧二维码，观看本节视频课程：3 分 00 秒

QQ 是腾讯公司开发的一款基于 Internet 的即时通信软件。腾讯 QQ 支持在线聊天、视频通话、点对点断点续传文件、共享文件、网络硬盘、自定义面板、QQ 邮箱等多种功能，并可与多种通讯终端相连。本节详细介绍使用 QQ 聊天的方法。

15.2.1 登录 QQ

申请并获得 QQ 账号后，即可登录 QQ 聊天软件，下面将详细介绍登录 QQ 的操作方法。

图 15-8

1 输入账号与密码，单击【登录】按钮。

❶ 在桌面中双击【腾讯 QQ】快捷方式图标，弹出【QQ】对话框，在【账号】文本框中输入 QQ 号码。

❷ 在【密码】文本框中输入 QQ 密码。

❸ 单击【登录】按钮，如图 15-8 所示。

2 完成登录操作。

通过以上步骤即可完成登录操作，如图 15-9 所示。

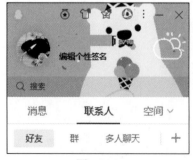

图 15-9

15.2.2　查找与添加好友

通过 QQ 聊天软件可以与远在千里的亲友或网友进行聊天，但进行聊天前，需要添加 QQ 好友，下面详细介绍添加好友的操作方法。

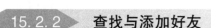

图　15-10

1 单击【加好友】按钮。

　　在 QQ 程序的主界面中，单击底部的【加好友】按钮，如图 15-10 所示。

图　15-11

2 输入 QQ 号码，单击【查找】按钮。

❶ 弹出【查找】界面，在文本框中输入 QQ 号码。

❷ 单击【查找】按钮，如图 15-11 所示。

图　15-12

3 单击【添加好友】按钮。

　　显示已经找到的 QQ 账号，单击【添加好友】按钮，如图 15-12 所示。

图　15-13

4 单击【下一步】按钮。

　　弹出【添加好友】对话框，单击【下一步】按钮，如图 15-13 所示。

图　15-14

图　15-15

5 在【分组】列表中选择【我的好友】选项。

1 进入设置备注和分组界面，在【分组】下拉列表中选择【我的好友】选项。

2 单击【下一步】按钮，如图15-14 所示。

6 完成添加好友的操作。

　界面提示好友添加请求已发送成功，正在等待对方确认，单击【完成】按钮，即可完成操作，如图 15-15 所示。

15.2.3　　与好友进行文字聊天

　　QQ 作为一款即时通讯社交软件，最主要的功能就是与好友进行聊天，使用 QQ 聊天的常用方式是文字聊天，下面介绍与好友进行文字聊天的方法。

图　15-16

1 双击 QQ 好友头像。

　打开 QQ 程序主界面，双击准备进行聊天的 QQ 好友头像，如图 15-16 所示。

图　15-17

2 输入文本信息，单击【发送】按钮。

1 打开与该好友的聊天窗口，在【发送信息】文本框中使用输入法输入文本信息。

2 单击【发送】按钮向好友发送信息，如图 15 17 所示。

图　15-18

3 完成与好友进行文字聊天的操作。

等待好友回复信息，通过以上步骤即可完成与好友进行文字聊天的操作，如图 15-18 所示。

15.2.4　语音和视频聊天

在 QQ 上除了使用文字进行交流外，用户还可以通过视频聊天进行网络交流，下面介绍使用 QQ 进行视频聊天的操作方法。

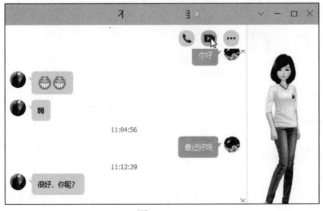

图　15-19

1 单击【发起视频通话】按钮。

打开与该好友的聊天窗口，单击【发起视频通话】按钮，如图 15-19 所示。

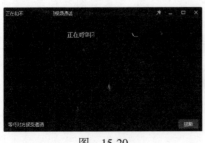

图　15-20

2 显示正在呼叫好友状态。

弹出视频通话窗格，显示正在呼叫好友状态，如图 15-20 所示。

图 15-21

3 对方接受邀请后即建立视频聊天连接。

　　对方接受邀请后即可建立视频聊天连接，通过麦克风说话，双方可以进行语音聊天，如果用户想要结束通话，单击【挂断】按钮，如图 15-21 所示。

图 15-22

4 显示视频通话的时长。

　　返回文字聊天窗口，窗口中显示刚刚视频通话的时长，如图 15-22 所示。

15.2.5 使用 QQ 发送文件

使用 QQ 还可以向好友发送图片和文件等资料，下面介绍向好友发送图片的方法。

图 15-23

1 单击【发送图片】按钮，选择【发送本地图片】选项。

❶ 打开与该好友的聊天窗口，单击【发送图片】按钮。

❷ 在弹出的选项中选择【发送本地图片】选项，如图 15-23 所示。

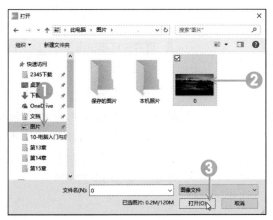

图　15-24

2 选中图片，单击【打开】按钮。

❶ 弹出【打开】对话框，选择图片存储的位置。

❷ 选中准备发送的图片。

❸ 单击【打开】按钮，如图 15-24 所示。

图　15-25

3 单击【发送】按钮。

　图片发送至聊天窗口中的【接收消息】文本框中，单击【发送】按钮，如图 15-25 所示。

图　15-26

4 完成发送图片的操作。

　通过以上步骤即可完成发送图片的操作，如图 15-26 所示。

Section 15.3　用电脑玩微信

手机扫描右侧二维码，观看本节视频课程：1 分 32 秒

微信是一种移动通信聊天软件，目前主要应用在智能手机上，支持发送语音短信、视频、图片和文字，可以进行群聊。微信除了手机客户端版本外，还有网页版和电脑版，使用这两个版本的微信可以在电脑上进行聊天。

15.3.1　微信网页版

微信网页版将微信带到了电脑端，其手机版和网页版打通之后，可以直接在网页浏览器

里收发和传输文件、图片。

图 15-27

1 打开手机使用微信【扫一扫】功能扫描二维码。

在浏览器中打开微信网页版的首页，提示使用手机上的微信进行扫描二维码操作，打开手机使用微信【扫一扫】功能扫描二维码，如图 15-27 所示。

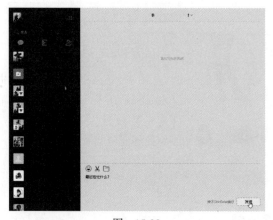

图 15-28

2 输入内容，单击【发送】按钮。

登录到微信网页版，左侧显示微信好友列表，单击好友名称即可打开与之聊天的窗口，在下方窗格中输入内容，单击【发送】按钮，如图 15-28 所示。

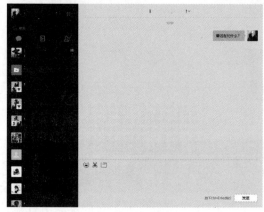

图 15-29

3 完成使用微信网页版的操作。

可以看到文字已经发送，通过以上步骤即可完成使用微信网页版的操作，如图 15-29 所示。

15.3.2 微信电脑版

用户除了在网页上使用微信外，还可以下载微信电脑版来使用，下面详细介绍下载与使用微信电脑版的操作方法。

图　15-30

图　15-31

图　15-32

图　15-33

图　15-34

1 单击【下载】按钮。

在浏览器中打开微信 Windows 版的官方下载页面，单击【下载】按钮，如图 15-30 所示。

2 单击【下载】按钮。

弹出【新建下载任务】对话框，单击【下载】按钮，如图 15-31 所示。

3 单击【文件夹】按钮。

下载完成，弹出【下载】对话框，单击【文件夹】按钮，打开文件所在位置，如图 15-32 所示。

4 双击打开微信程序。

打开微信下载到的文件夹，双击打开微信程序，如图 15-33 所示。

5 单击【安装微信】按钮。

弹出微信安装向导，单击【安装微信】按钮，如图 15-34 所示。

图　15-35

6 单击【开始使用】按钮。

　　等待一段时间，完成安装，单击【开始使用】按钮，如图15-35所示。

图　15-36

7 使用手机微信进行扫描。

　　弹出"请使用微信扫一扫以登录"二维码，使用手机微信进行扫描，如图15-36所示。

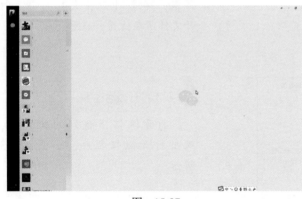

图　15-37

8 完成下载并使用微信电脑版的操作。

　　打开微信电脑版，电脑版与网页版的使用方法相同，这里不再赘述，通过以上步骤即可完成下载并使用微信电脑版的操作，如图15-37所示。

Section 15.4　刷微博

手机扫描右侧二维码，观看本节视频课程：1 分 49 秒

　　微博是一个由新浪网推出的提供微型博客服务的社交网站。用户可以通过网页、WAP页面、手机客户端发布消息或上传图片。用户可以将看到的、听到的、想到的事情写成一句话，或发一张图片，通过电脑或者手机分享给朋友。

15.4.1　发布微博

　　微博开通之后，就可以在微博中发表微博言论了。下面详细介绍在新浪微博中发布内容

的操作方法。

图 15-38

1 输入账号与密码，单击【登录】
按钮。

① 在浏览器中打开微博登录页
面，在【账号】文本框中输入账
号，在【密码】文本框中输入
密码。

② 单击【登录】按钮，如图15-38
所示。

图 15-39

2 在文本框中输入内容，单击【发
布】按钮。

进入自己的新浪微博首页，
在文本框中输入内容，单击【发
布】按钮，如图15-39所示。

图 15-40

3 完成发布微博的操作。

可以看到刚刚发布的微博已
经显示在首页中，通过以上步骤
即可完成发布微博的操作，如图
15-40所示。

15.4.2 添加关注

微博开通之后，可以在微博中添加想要关注的人。下面详细介绍在微博中添加想要关注
的人的操作方法。

图 15-41

1 单击【搜索】按钮。

在微博首页单击【搜索】按
钮，如图15-41所示。

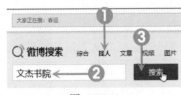

图 15-42

2 输入关键词，单击【搜索】按钮。

❶ 进入微博搜索页面，选择【找人】选项。

❷ 在文本框中输入关键词。

❸ 单击【搜索】按钮，如图 15-42 所示。

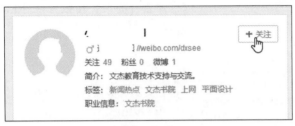

图 15-43

3 单击需要关注的账号后面【关注】按钮。

显示搜索结果，单击搜索列表中需要关注账号后面的【关注】按钮，如图 15-43 所示。

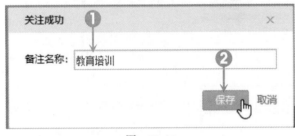

图 15-44

4 单击【保存】按钮。

❶ 弹出【关注成功】对话框，在【备注名称】文本框中输入内容。

❷ 单击【保存】按钮，即可完成操作，如图 15-44 所示。

15.4.3 评论和转发微博

用户可以对自己感兴趣的微博进行评论并转发，下面详细介绍评论并转发微博的方法。

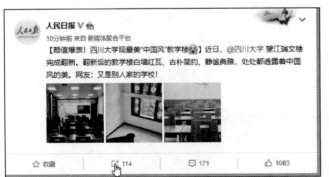

图 15-45

1 单击【转发】按钮。

在准备转发的微博下面单击【转发】按钮，如图 15-45 所示。

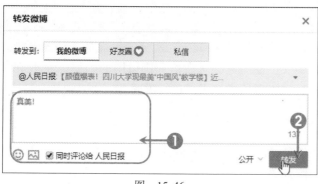

图　15-46

15.4.4　发起话题

用户可以在微博中发起话题并与好友一起讨论，下面详细介绍在微博中发起话题的操作方法。

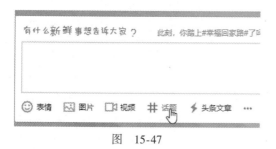

图　15-47

图　15-48

图　15-49

2 输入内容，单击【转发】按钮。

❶ 弹出【转发微博】对话框，在文本框中输入内容，勾选【同时评论给】复选框。

❷ 单击【转发】按钮，即可完成评论并转发微博的操作，如图 15-46 所示。

1 单击【话题】超链接。

在"有什么新鲜事想告诉大家"文本框下面单击【话题】超链接，如图 15-47 所示。

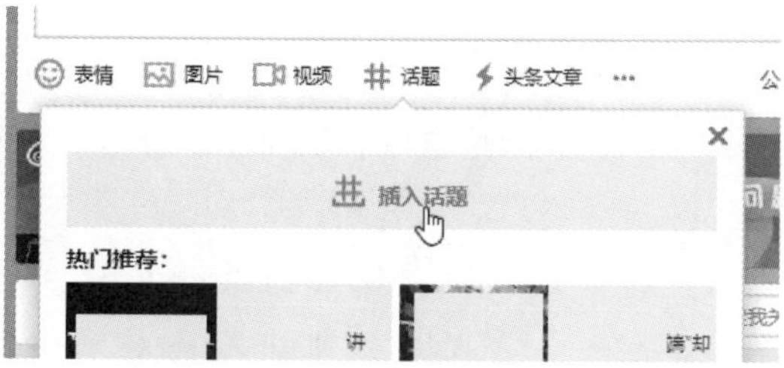

2 单击【插入话题】按钮。

在弹出的信息框中单击【插入话题】按钮，如图 15-48 所示。

3 单击【发布】按钮完成话题的发布。

在"有什么新鲜事想告诉大家"文本框中的两个【#】中间输入想要说的话题，单击【发布】按钮，即可完成话题的发布，如图 15-49 所示。

Section 15.5 实践案例与上机指导

手机扫描右侧二维码，观看本节视频课程：1分05秒

本章学习了收发电子邮件、用 QQ 聊天、使用电脑玩微信和刷微博的知识。在本节中，将结合实际工作和应用，通过上机练习，对本章所学知识点进行巩固。

15.5.1 管理 QQ 好友

在 QQ 的使用过程中，用户可以管理自己的 QQ 好友，将其划分在不同的小组中以方便查找，下面详细介绍管理 QQ 好友的操作方法。

图 15-50

1 选择【添加分组】菜单项。

在 QQ 主界面空白处单击鼠标右键，选择【添加分组】菜单项，如图 15-50 所示。

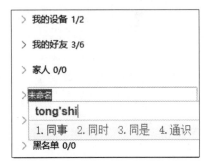

图 15-51

2 输入新名称，按下回车键。

可以看到新增加了一个"未命名"分组，分组的名称处于被选中状态，使用输入法输入新名称，按下回车键，如图 15-51 所示。

图 15-52

3 选择【移动联系人至】→【同事】菜单项。

新增加的分组已经重命名，鼠标右键单击准备移动的好友，在弹出的快捷菜单中选择【移动联系人至】→【同事】菜单项，如图 15-52 所示。

图 15-53

4 好友被移至新分组中。

好友已经被移至新添加的分组中，如图 15-53 所示。

15.5.2　一键锁定 QQ

在自己有事离开电脑时，如果担心别人看到自己的 QQ 聊天信息，可以将 QQ 锁定，防止别人窥探 QQ 聊天记录，下面详细介绍一键锁定 QQ 的操作方法。

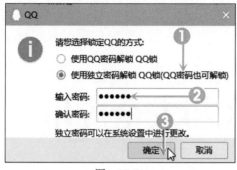

图　15-54

1 设置独立密码。

❶ 打开 QQ 主界面，按下【Ctrl + Alt + L】组合键，弹出提示框，选择【使用独立密码解锁 QQ 锁】单选按钮。

❷ 在【输入密码】文本框中输入密码，在【确认密码】文本框中再次输入密码。

❸ 单击【确定】按钮，如图 15-54 所示。

图　15-55

2 单击【解锁】按钮。

QQ 进入锁定状态，如果想要解锁，则单击【解锁】按钮，如图 15-55 所示。

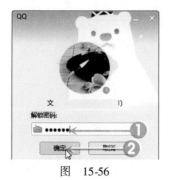

图　15-56

3 输入密码，单击【确定】按钮。

❶ 在【解锁密码】文本框中输入密码。

❷ 单击【确定】按钮，即可完成一键锁定和解锁 QQ 的操作，如图 15-56 所示。

16

第16章

系统优化与安全应用

本章内容导读

本章主要介绍了管理和优化磁盘、查杀电脑病毒、360安全卫士、清理垃圾和清理系统插件等方面的知识。通过本章的学习，读者可以掌握系统维护与安全应用方面的技巧。

本章知识要点

(1) 管理和优化磁盘
(2) 查杀电脑病毒
(3) 使用360安全卫士

管理和优化磁盘

手机扫描右侧二维码，观看本节视频课程：1 分 37 秒

要想让磁盘高效工作，就要注意平时对磁盘的管理。随着电脑使用时间的延长，以及安装的软件越来越多，电脑的速度会越来越慢，此时需要对磁盘进行优化和管理。

16.1.1　磁盘清理

在 Windows 10 系统中，使用磁盘清理工具可以删除硬盘分区中的系统 Internet 临时文件、文件夹以及回收站等区域中的多余文件，从而达到释放磁盘空间、提高系统性能的目的，下面介绍清理磁盘的操作方法。

图　16-1

1 选择【磁盘清理】菜单项。

❶ 在系统桌面上单击左下角的【开始】按钮。

❷ 在开始菜单中【所有程序】列表中选择【Windows 管理工具】菜单项。

❸ 在展开的菜单中选择【磁盘清理】菜单项，如图 16-1 所示。

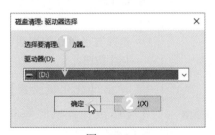

图　16-2

2 选择驱动器。

❶ 弹出【磁盘清理：驱动器选择】对话框，单击【驱动器】下拉箭头，选择准备清理的驱动器，如选择【（D:）】。

❷ 单击【确定】按钮，如图 16-2 所示。

图　16-3

3 勾选复选框，单击【确定】按钮。

❶ 弹出【（D:）的磁盘清理】对话框，在【要删除的文件】区域中勾选准备删除的文件的复选框。

❷ 单击【确定】按钮，如图 16-3 所示。

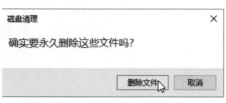

图　16-4

4 完成磁盘清理的操作。

弹出【磁盘清理】对话框，单击【删除文件】按钮，即可完成磁盘清理的操作，如图 16-4 所示。

16.1.2　整理磁盘碎片

定期整理磁盘碎片可以保证文件的完整性，从而提高电脑读取文件的速度。下面详细介绍磁盘碎片整理的方法。

图　16-5

1 选择【碎片整理和优化驱动器】菜单项。

❶ 在系统桌面上单击左下角的【开始】按钮。

❷ 在开始菜单中【所有程序】列表中选择【Windows 管理工具】菜单项。

❸ 在展开的菜单中选择【碎片整理和优化驱动器】菜单项，如图 16-5 所示。

图　16-6

2 选择准备整理的磁盘，单击【优化】按钮。

❶ 弹出【优化驱动器】对话框，在【状态】区域中单击准备整理的磁盘。

❷ 单击【优化】按钮，如图 16-6 所示。

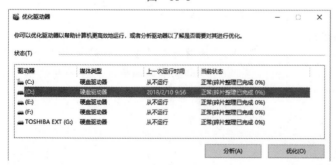

图　16-7

3 完成磁盘碎片整理的操作。

碎片整理结束，通过以上步骤即可完成磁盘碎片整理的操作，如图 16-7 所示。

Section 16.2　查杀电脑病毒

手机扫描右侧二维码，观看本节视频课程：1 分 30 秒

如果电脑中存在病毒或怀疑电脑中存在某种病毒，可以使用杀毒软件进行病毒查杀操作，本节将主要介绍使用金山杀毒软件和瑞星杀毒软件查杀电脑病毒的有关知识。

16.2.1　认识电脑病毒

电脑已经成为人们生活的一部分，不管是娱乐还是工作，都离不开它。但是其也会被传染病毒，电脑病毒将导致很多软件发生故障，从而带来一些不必要的麻烦，甚至是重大故障。

电脑病毒是引起大多数软件故障的主要原因，它其实是一种具备自我复制能力的程序或脚本语言，这些电脑程序或脚本语言利用电脑的软件或硬件的缺陷控制或破坏电脑，可使系统运行缓慢、不断重启或使用户无法正常操作电脑，甚至可能造成硬件的损坏。

电脑病毒的危害包括破坏电脑内存、破坏文件、影响电脑运行速度、影响操作系统正常运行、破坏硬盘以及破坏系统数据区等。

病毒的传播途径包括可移动存储设备、网络和硬盘，下面将详细进行介绍。

➤ 可移动存储设备：可移动存储设备具有携带方便和容量大等特点，其中可能存储了大量的可执行文件，病毒也有可能隐藏其中，只读式光盘不能进行写操作，因而光盘上的病毒也不能够清除。

➤ 网络：在网上下载文件和资料时，有可能会下载带病毒的文件。

➤ 硬盘：如果硬盘感染了病毒，将其移动到其他电脑中进行使用或维修时，有可能将病毒传染并到扩散到其他电脑中。

16.2.2　使用瑞星软件查杀电脑病毒

使用瑞星杀毒软件查杀病毒，可以采用三种方式进行查杀，包括快速查杀、全盘查杀和自定义查杀，下面将以快速查杀为例，详细介绍使用瑞星杀毒软件查杀电脑病毒的方法。

图　16-8

1 单击【病毒查杀】按钮。

启动瑞星杀毒软件程序，单击【病毒查杀】按钮，如图 16-8 所示。

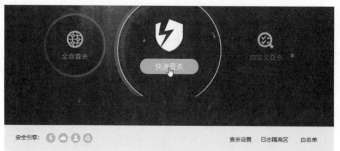

图 16-9

2 单击【快速查杀】按钮。

进入【病毒查杀】界面，单击【快速查杀】按钮，如图 16-9 所示。

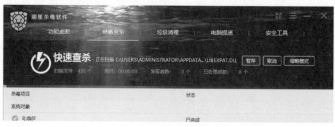

图 16-10

3 等待一段时间。

进入【快速查杀】界面，显示杀毒的进度，用户需要等待一段时间，如图 16-10 所示。

图 16-11

4 完成使用瑞星查杀电脑病毒的操作。

查杀完成，通过以上步骤即可完成使用瑞星查杀电脑病毒的操作，如图 16-11 所示。

16.2.3 使用金山毒霸软件查杀电脑病毒

使用金山毒霸查杀病毒，可以用三种方式来进行查杀，包括一键云查杀、全盘扫描和指定位置扫描，下面将以全盘扫描查杀为例，详细介绍使用金山毒霸杀毒的操作方法。

图 16-12

1 单击【闪电查杀】按钮。

启动金山毒霸软件程序，进入主界面后，单击【闪电查杀】按钮，如图 16-12 所示。

图　16-13

2 等待一段时间。

进入到扫描界面，显示正在扫描的数据，用户需要等待一段时间，如图 16-13 所示。

图　16-14

3 单击【立即处理】按钮。

扫描完成，共扫描 5842 项，用时 01：19，发现 3 个风险项，单击【立即处理】按钮，如图 16-14 所示。

图　16-15

4 完成使用金山毒霸查杀电脑病毒的操作。

成功处理 3 个风险项，通过以上步骤即可完成使用金山毒霸查杀电脑病毒的操作，如图 16-15 所示。

16.2.4　使用 360 安全卫士软件查杀电脑病毒

360 安全卫士中的木马查杀功能通过扫描木马、易感染区、系统设置、系统启动项、浏览器组件、系统登录和服务、文件和系统内存、常用软件、系统综合和系统修复项等功能，来修复电脑中的问题，下面将详细介绍木马查杀的操作方法。

图　16-16

1 单击【木马查杀】按钮。

打开 360 安全卫士，单击【木马查杀】按钮，如图 16-16 所示。

图 16-17

2 单击【快速查杀】按钮。

进入木马查杀界面，单击【快速查杀】按钮，如图 16-17 所示。

图 16-18

3 等待一段时间。

开始扫描，用户需要等待一段时间，如图 16-18 所示。

图 16-19

4 完成查杀电脑中木马病毒的操作。

扫描完成，提示未发现木马病毒，通过以上步骤即可完成查杀电脑中木马病毒的操作，如图 16-19 所示。

Section 16.3 使用 360 安全卫士优化电脑

手机扫描右侧二维码，观看本节视频课程：2 分 19 秒

360 安全卫士是由奇虎 360 公司推出的安全杀毒软件，拥有查杀木马、清理插件、修复漏洞、电脑体检、保护隐私等多种功能，可以智能拦截各类木马，保护用户的账号、密码等重要信息，本节将介绍 360 安全卫士的相关操作方法。

16.3.1 电脑体检

在 360 安全卫士的首页，默认提供了电脑体检服务，用户只需单击首页界面上的"立即体检"按钮，即可立即启动系统体检。下面介绍电脑体检的操作方法。

图　16-20

1 单击【立即体检】按钮。

启动 360 安全卫士软件，打开 360 安全卫士界面，单击【立即体检】按钮，如图 16-20 所示。

图　16-21

2 等待一段时间。

开始体检，用户需要等待一段时间，如图 16-21 所示。

图　16-22

3 单击【一键修复】按钮。

体检完成，显示"电脑速度慢，建议立即修复"和体检分数，单击【一键修复】按钮，如图 16-22 所示。

图　16-23

4 等待一段时间。

正在进行修复，需要用户等待一段时间，如图 16-23 所示。

5 完成电脑体检的操作。

修复完成，提示"已修复全部问题，电脑很安全 100 分！"，通过以上步骤即可完成电脑体检的操作，如图 16-24 所示。

图　16-24

16.3.2　修补系统漏洞

为了保障电脑的安全，需要经常进行系统漏洞的修补，下面以使用 360 安全卫士修补系统漏洞为例，详细介绍修补系统漏洞的操作方法。

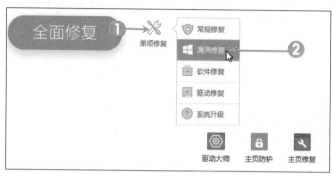

图　16-25

1 选择【漏洞修复】选项。

❶ 启动 360 安全卫士软件，单击【系统修复】下拉按钮。

❷ 在弹出的列表中选择【漏洞修复】选项，如图 16-25 所示。

图　16-26

2 等待一段时间。

开始进行扫描，用户需要等待一段时间，如图 16-26 所示。

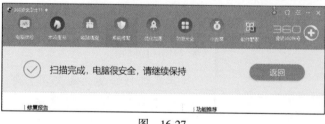

图　16-27

3 完成修补系统漏洞的操作。

扫描完成，通过以上步骤即可完成修补系统漏洞的操作，如图 16-27 所示。

Section 16.4　实践案例与上机指导

手机扫描右侧二维码，观看本节视频课程：1 分 39 秒

前面介绍了管理和优化磁盘、查杀电脑病毒的知识，本节将结合实际应用，通过上机练习，对本章所学知识点进一步巩固。

16.4.1　清理垃圾

电脑使用久了会产生各类垃圾文件，需要用户定期进行清理，否则会拖慢电脑运行速

度，下面详细介绍使用 360 安全卫士清理垃圾的操作。

图　16-28

1 单击【电脑清理】按钮。

　　启动 360 安全卫士软件，单击【电脑清理】按钮，如图 16-28 所示。

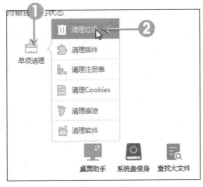

图　16-29

2 单击【单项清理】下拉按钮，选择【清理垃圾】选项。

❶ 进入【电脑清理】界面，单击【单项清理】下拉按钮。

❷ 在弹出的列表中选择【清理垃圾】选项，如图 16-29 所示。

图　16-30

3 等待一段时间。

　　开始扫描垃圾，用户需要等待一段时间，如图 16-30 所示。

图　16-31

4 单击【一键清理】按钮。

　　扫描完成，提示"共 1.2GB 垃圾，已选中 1.2GB"，单击【一键清理】按钮，如图 16-31 所示。

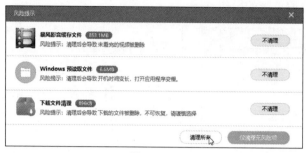

图 16-32

5 单击【清理所有】按钮。

弹出【风险提示】对话框，单击【清理所有】按钮，如图16-32所示。

图 16-33

6 完成使用**360安全卫士**清理垃圾的操作。

清理完成，提示"清理完成，释放1.2GB，空间增加啦"，通过以上步骤即可完成使用360安全卫士清理垃圾的操作，如图16-33所示。

16.4.2 清理系统插件

系统插件过多会影响系统的运行速度，下面介绍通过360安全卫士清理系统插件来优化电脑系统的方法。

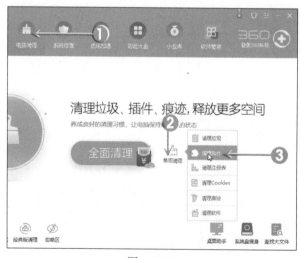

图 16-34

1 选择【清理插件】选项。

❶ 启动360安全卫士软件，单击【电脑清理】按钮。
❷ 单击【单项清理】下拉按钮。
❸ 在弹出的列表中选择【清理插件】选项，如图16-34所示。

图 16-35

2 等待一段时间。

开始扫描插件，用户需要等待一段时间，如图 16-35 所示。

图 16-36

3 选择准备清除的插件，单击【一键清理】按钮。

选择准备清除的插件，单击【一键清理】按钮，如图 16-36 所示。

图 16-37

4 完成使用 360 安全卫士清理插件的操作。

清理完成，提示"清理完成，删除 1 项内容，保持清理习惯"，通过以上步骤即可完成使用 360 安全卫士清理插件的操作，如图 16-37 所示。

16.4.3 电脑优化加速

360 安全卫士中的优化加速功能可以全面提升电脑的开机速度、系统速度、上网速度和硬盘速度等，下面将详细介绍优化加速的操作方法。

图　16-38

1 单击【优化加速】按钮。

　　启动 360 安全卫士软件，单击【优化加速】按钮，如图 16-38 所示。

图　16-39

2 单击【单项加速】下拉按钮，选择【开机加速】选项。

❶ 进入【优化加速】界面，单击【单项加速】下拉按钮。

❷ 在弹出的列表中选择【开机加速】选项，如图 16-39 所示。

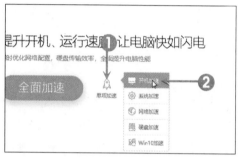

图　16-40

3 单击【立即优化】按钮。

　　扫描完成，提示"扫描完成，共发现 4 个优化项"，单击【立即优化】按钮，如图 16-40 所示。

图　16-41

4 完成使用 360 安全卫士进行电脑加速的操作。

　　优化完成，通过以上步骤即可完成电脑加速的操作，如图 16-41 所示。